FORSCHUNGSBERICHTE DES LANDES NORDRHEIN-WESTFALEN

Nr. 1429

Herausgegeben
im Auftrage des Ministerpräsidenten Dr. Franz Meyers
von Staatssekretär Professor Dr. h. c. Dr. E. h. Leo Brandt

DK 621-23:620.175:620.178.3

Prof Dr.-Ing. Walther Meyer zur Capellen
Dipl.-Ing Heinz Houben

Institut für Getriebelehre der Rhein.-Westf. Techn. Hochschule Aachen

Torsionsschwingungen im An- und Abtrieb von Viergelenkgetrieben

WESTDEUTSCHER VERLAG · KÖLN UND OPLADEN 1965

ISBN 978-3-663-03934-1 ISBN 978-3-663-05123-7 (eBook)
DOI 10.1007/978-3-663-05123-7

Verlags-Nr. 011429

Gesamtherstellung: Westdeutscher Verlag

Vorwort

Größere Drehzahlen, auch in periodisch übersetzenden Getrieben, geben infolge der periodisch wechselnden Massenkräfte Anlaß zu den verschiedenartigsten Schwingungen. In dem vorliegenden Bericht werden die genauen Bewegungsgleichungen für Torsionsschwingungen in der An- und der Abtriebswelle eines Kurbeltriebes aufgestellt und durch ein praktisch brauchbares Näherungsverfahren ebenso wie auf dem Analogrechner gelöst. Die Ergebnisse werden durch entsprechende Versuche an Getrieben mit torsionselastischen Wellen bestätigt.
Dem Herrn Ministerpräsidenten sei an dieser Stelle für die Förderung der Untersuchungen besonders gedankt. Eine wesentliche Voraussetzung für den erfolgreichen Abschluß der Arbeit wurde durch die Bereitstellung eines Analogrechners Type PACE TR 10 durch das Landesamt für Forschung geschaffen.

Die Verfasser

Inhalt

Inhalt

1. Einleitung

Die veränderlichen Übersetzungsverhältnisse in periodischen Getrieben bedingen auch periodisch veränderliche Massenkräfte. Hierdurch werden Gelenke und Lager periodisch belastet, und es wurde bei verschiedenen Getrieben gezeigt, wie diese Belastungen zeichnerisch-rechnerisch ermittelt werden können [6, 7]. Auch konnte das Moment zeichnerisch-rechnerisch bzw. rechnerisch angegeben werden, das an der Antriebskurbel angebracht werden muß, um eine konstante Antriebsdrehzahl (bei sonst fehlenden äußeren Kräften) zu erreichen [5, 6, 7, 8]. Schließlich wurde die Frage nach einem Ausgleichsgetriebe, welches das genannte Moment verschwinden läßt, gestellt und gelöst unter gleichzeitiger Betrachtung der dadurch geänderten Belastungen des Lagers der Antriebskurbel [9].

Betrachtet man jedoch die Getriebeglieder einschließlich des Gestelles sowie An- und Abtriebswelle nicht mehr als starr, so können die verschiedenartigsten Schwingungen angeregt werden, wie in verschiedenen Veröffentlichungen, die sich wesentlich mit Kurbeltrieben beschäftigen, betrachtet wurde. Relativ einfach lassen sich die Gestellschwingungen behandeln [1], ebenso die Lager- und Biegungsschwingungen [2, 5, 4]: Strenggenommen enthalten die entsprechenden Bewegungsgleichungen (Differentialgleichungen zweiter Ordnung) Glieder mit periodisch veränderlichen Koeffizienten. Diese Glieder können jedoch vernachlässigt werden, wie auch die Versuche bestätigen. Das bewirkt gleichzeitig eine Entkopplung der Differentialgleichungen (wenn man von der Kopplung durch die Erregung absieht).

Bei Torsionselastizität in An- und Abtriebswelle werden Torsionsschwingungen angeregt. Die entsprechenden Bewegungsgleichungen enthalten wiederum periodisch veränderliche Koeffizienten [1], ihre Vernachlässigung bedingt zwar eine wesentliche Vereinfachung und führt zu gewissen Näherungen. Diese sind jedoch nicht immer brauchbar, und im folgenden sollen die Differentialgleichungen nochmals aufgestellt, durch eine Hauptachsentransformation entkoppelt und durch ein schnell konvergierendes Iterationsverfahren, aber auch mit Hilfe eines Analogrechners gelöst werden. Experimentelle Untersuchungen zeigen den Vergleich zwischen Rechnung und Versuch und bestätigen die Rechnung. – Auf die Schwingungen in der Koppel eines Gelenkgetriebes wird in einem anderen Bericht eingegangen [10], vgl. auch [11].

2. Bezeichnungen

c_1	Federzahl der Antriebswelle I
c_{34}	Federzahl der Abtriebswelle III
Θ_1	Massenträgheitsmoment der Antriebskurbel bezogen auf A_0
Θ_2	Massenträgheitsmoment der Koppel bezogen auf A
Θ_{2s}	Massenträgheitsmoment der Koppel bezogen auf S_2
Θ_3	Massenträgheitsmoment der Abtriebskurbel bezogen auf B_0
Θ_4	Massenträgheitsmoment einer Scheibe auf Welle III bezogen auf B_0
ω_0	konstante Winkelgeschwindigkeit des Antriebs
t	Zeit (Echtzeit)
E	kinetische Energie
U	potentielle Energie
A	Arbeit der Kräfte und Momente ohne Potential
q_i	unabhängige Veränderliche oder die LAGRANGEsche Koordinate
$\dot{q}_i$	zeitliche Ableitung von q_i
φ_1	LAGRANGEsche Koordinate (Torsionswinkel der Welle I)
φ_4	LAGRANGEsche Koordinate (Torsionswinkel der Welle III)
α_M	Drehwinkel der Motorwelle
α_1	Drehwinkel der Antriebskurbel
β	Drehwinkel der Abtriebswelle
β_0	Abtriebswinkel des Gelenkgetriebes mit starren An- und Abtriebswellen
β_4	Drehwinkel der Scheibe Θ_4
F_1, G_1, G_4	mit α_0 periodische Koeffizienten
F_4	konstanter Koeffizient
H_1, H_4	mit α_0 periodische Störfunktionen
$\overline{F}_1$, $\overline{G}_1$, $\overline{G}_4$	Mittelwerte der periodischen Koeffizienten F_1, G_1, G_4
$f_1(\alpha_0)$, $g_1(\alpha_0)$, $g_4(\alpha_0)$	Abweichungen dieser Koeffizienten F_1, G_1, G_4 von ihrem Mittelwert
M_1, M_2	mit α_0 periodische Momente

δ_n, ε_n, D_n	Vergrößerungsfunktionen
ψ_1, ψ_2	Vergrößerungsfunktionen
$\bar{\psi}_n$, $\bar{\delta}_{m,n}$	Phasenwinkel
F_1^*	mit α_0 periodischer Koeffizient
H_1^*	mit α_0 periodische Störfunktion
$\bar{\omega}_e^2$	Mittelwert des periodischen Koeffizienten F_1^*
$\zeta(\alpha_0)$	Abweichung des Mittelwertes $\bar{\omega}_e^2$ von F_1^*
$\bar{a}^2$	Amplitude der k-ten Harmonischen von $\zeta(\alpha_0)$
$\bar{\lambda}$, $\varkappa$, λ_1, λ_2, λ_3, λ_4	Frequenzverhältnisse
$\mathfrak{C}$	symmetrische Matrix der Federzahlen (Federungsmatrix)
$\mathfrak{A}$	symmetrische Matrix der Massen (Trägheitsmatrix)
$\mathfrak{X}$	orthogonale Matrix der Eigenvektoren
$\mathfrak{X}'$	transponierte Matrix
c_{11}, c_{12}, c_{21}, c_{22}	Mittelwerte der periodischen Koeffizienten der Matrix $\mathfrak{C}$ (Glieder der Matrix $\mathfrak{C}^*$)
a_{11}, a_{22}	Mittelwerte der periodischen Koeffizienten der Matrix $\mathfrak{A}$ (Glieder der Matrix $\mathfrak{A}^*$)
$q_{11}(\alpha_0)$, $q_{12}(\alpha_0)$, $q_{21}(\alpha_0)$, $q_{22}(\alpha_0)$	Abweichungen der in $\mathfrak{C}$ zusammengefaßten Größen von ihren Mittelwerten $c_{m,n}$
$r_{11}(\alpha_0)$, $r_{22}(\alpha_0)$	Abweichungen der in $\mathfrak{A}$ zusammengefaßten Größen von ihren Mittelwerten $a_{m,n}$
τ	Maschinenzeit
β^*, γ_n^*	Proportionalitätsfaktoren
k_n	Verstärkungsfaktoren

3. Bewegungsgleichungen

Bei dem in Abb. 1 dargestellten Getriebe, d. h. einer Kurbelschwinge oder einer Doppelkurbel je nach Abmessungen soll die Antriebswelle I die Federsteifigkeit c_1, die Abtriebswelle III die Federsteifigkeit c_{34} haben, auch trage diese noch eine Masse vom Massenträgheitsmoment Θ_4. Gesucht sind die Bewegungsgleichungen der Anordnung, wobei noch die Vereinfachung $n_{Motor} = n_0 = \text{konst.}$ eingeführt wird [1]. Am Schluß soll gezeigt werden, daß eine Lösung auch dann möglich ist, wenn auf diese Voraussetzung verzichtet wird.

Die Bewegungen werden beschrieben durch die LAGRANGEschen Gleichungen

$$\frac{d}{dt}\left(\frac{\partial L}{\partial \dot{q}_i}\right) - \frac{\partial L}{\partial q_i} = \frac{\partial A}{\partial q_i}.$$

Darin bedeutet:

$$L = E - U$$

In einem beliebigen Augenblick sind die Winkellagen der Getriebeglieder bestimmt durch

$$\left.\begin{aligned} \alpha_M &= \alpha_0 = \omega_0 t \\ \alpha_1 &= \alpha_0 + \varphi_1 \\ \beta &= \beta_0 + \varphi_3 \\ \beta_4 &= \beta_0 + \varphi_4 \end{aligned}\right\} \qquad (1)$$

und die Winkelausschläge sollen klein sein, damit die Gleichungen linearisiert werden können. Unabhängige LAGRANGEsche Koordinaten sind φ_1 und φ_4, da sich φ_3 wegen des Zwanglaufes und der Kleinheit der Ausschläge [1] zu $\varphi_3 = i_3(\alpha_0) \cdot \varphi_1$ ergibt[1].

Aus den Winkellagen folgen die entsprechenden Winkelgeschwindigkeiten

$$\omega_1 = \frac{d\alpha_1}{dt} = \omega_0 + \dot{\varphi}_1,$$

$$\omega_4 = \frac{d\beta_4}{dt} = \frac{d\beta_0}{d\alpha_0}\frac{d\alpha_0}{dt} + \dot{\varphi}_4 = i_{30}\,\omega_0 + \dot{\varphi}_4.$$

[1] Es ist $\beta = \beta_0 + \beta_0' \varphi_1 + \beta_0'' \varphi_1^2/2 + \cdots$ mit $\beta_0' = i_3(\alpha_0)$, $\beta_0'' = i_3'(\alpha_0)$, also $\varphi_3 = \beta - \beta_0 = i_3(\alpha_0)\,\varphi_1 + i_3'(\alpha_0) \cdot \varphi_1^2/2 + \cdots$, so daß die Näherung $\varphi_3 = i_3(\alpha_0)\,\varphi_1$ berechtigt ist.

Damit hat die kinetische Energie E eines Viergelenkgetriebes die Gestalt [1]

$$E = \frac{1}{2}\,\Theta_1\,\omega_1^2 + \frac{1}{2}\,\Theta_3\,\omega_3^2 + \frac{1}{2}\,\Theta_{2s}\,\omega_2^2 + \frac{1}{2}\,m_2\,v_2^2 + \frac{1}{2}\,\Theta_4\,\omega_4^2 \qquad (2)$$

mit

$$v_2^2 = v_A^2 + v_{2A}^2 - 2\,v_A v_{2A} \cos\,[\alpha - (\gamma + \sigma_2)]\,,$$

(vgl. Abb. 2)

$$v_2^2 = a^2\,\omega_1^2 + \rho_2^2\,\omega_2^2 - 2\,a\,\omega_1\,\omega_2\,\rho_2 \cos\,[\alpha - (\gamma + \sigma_2)] \qquad (2a)$$

und

$$\rho_2 \cos\,[\alpha - (\gamma + \sigma_2)] = h_2$$

oder

$$E = \frac{1}{2}\,\Theta_1\,\omega_1^2 + \frac{1}{2}\,\Theta_3\,\omega_3^2 + \frac{1}{2}\,\Theta_2\,\omega_2^2 + \frac{1}{2}\,\Theta_4\,\omega_4^2 + \frac{1}{2}\,m_2\,a^2\,\omega_1^2$$

$$- \frac{1}{2}\,m_2 2 a\,\omega_1\,\omega_2\,h_2\,. \qquad (3)$$

Die kinetische Energie E des gesamten Getriebes kann in der Form $E = \frac{1}{2}\,\Theta_r(\alpha)\,\omega_1^2$ geschrieben werden, vgl. zum Beispiel [5], worin $\Theta_r(\alpha)$ eine periodisch veränderliche Funktion des Antriebswinkels α ist und als reduziertes Massenträgheitsmoment des Getriebes (oder auch als ‚Getriebefunktion') bezeichnet werden kann. Führt man das oben definierte reduzierte Massenträgheitsmoment $\Theta_r(\alpha)$ ein [5], d. h.

$$\Theta_r(\alpha) = \Theta_1 + \Theta_3\,i_3^2 + \Theta_2\,i_2^2 + m_2\,a^2 + 2 m_2\,a\,i_2\,h_2\,, \qquad (4)$$

wobei das positive Vorzeichen im letzten Glied dieses Ausdruckes notwendig ist, da i_2 in der gezeichneten Stellung (Abb. 2) negativ ist, so folgt für die gesamte kinetische Energie

$$E = \frac{1}{2}\,\Theta_{red}\,\omega_1^2 + \frac{1}{2}\,\Theta_4\,\omega_4^2\,. \qquad (5)$$

Die potentielle Energie U folgt in bekannter Weise [1] zu

$$U = \frac{1}{2}\,c_1\,\varphi_1^2 + \frac{1}{2}\,c_{34}\,(\varphi_3 - \varphi_4)^2\,, \qquad (6)$$

wobei der Einfluß des Gewichtes vernachlässigt ist.

Da vorausgesetzt wurde, daß φ klein sein soll, so kann $\Theta_r(\alpha) = \Theta_r(\alpha_0 + \varphi_1)$ als Taylor-Reihe in der Umgebung von α_0 entwickelt werden

$$\Theta_r = \Theta_r(\alpha_0 + \varphi_1)\,; \qquad \Theta_r(\alpha_0) = \Theta_0$$

$$\Theta_r = \Theta_{r0} + \Theta'_{r0}\,\varphi_1 + \Theta''_{r0}\,\frac{1}{2}\,\varphi_1^2 + \cdots \qquad (7)$$

Die verschiedenen Ausdrücke der LAGRANGEschen Gleichungen sollen nun ausführlich hergeleitet werden.

Führt man die Rechenvorschrift für die Veränderliche φ_1 aus, so erhält man

$$\frac{\partial L}{\partial \dot{\varphi}_1} = \Theta_r(\omega_0 + \dot{\varphi}_1)$$

$$\frac{d}{dt}\left(\frac{\partial L}{\partial \dot{\varphi}_1}\right) = \ddot{\varphi}_1 \cdot \Theta_r + \frac{d\Theta_r}{dt}(\omega_0 + \dot{\varphi}_1)$$

$$\frac{d}{dt}\left(\frac{\partial L}{\partial \dot{\varphi}_1}\right) = \ddot{\varphi}_1 \Theta_r + \frac{d\Theta_r}{d\varphi_1}\dot{\varphi}_1(\omega_0 + \dot{\varphi}_1)$$

$$= \ddot{\varphi}_1 \left(\Theta_{r0} + \Theta'_{r0}\varphi_1 + \Theta''_{r0}\frac{1}{2}\varphi_1^2\right)$$

$$+ (\Theta'_{r0} + \Theta''_{r0}\varphi_1)\dot{\varphi}_1(\omega_0 + \dot{\varphi}_1)$$

$$= \Theta_{r0}\ddot{\varphi}_1 + \Theta'_{r0}\dot{\varphi}_1\omega_0 + \Theta'_{r0}\varphi_1\ddot{\varphi}_1 + \Theta''_{r0}\frac{1}{2}\varphi_1^2 \cdot \ddot{\varphi}_1$$

$$+ \Theta'_{r0}\dot{\varphi}_1^2 + \Theta''_{r0}\varphi_1\dot{\varphi}_1\omega_0 + \Theta''_{r0}\varphi_1\dot{\varphi}_1^2 .$$

Wegen der Voraussetzung kleiner Auslenkung werden hier und im folgenden alle Werte vernachlässigt, die klein von der zweiten Ordnung sind.

Damit lautet der vorige Ausdruck:

$$\frac{d}{dt}\left(\frac{\partial L}{\partial \dot{\varphi}_1}\right) = \Theta_{r0}\ddot{\varphi}_1 + \Theta'_{r0}\dot{\varphi}_1\omega_0 . \tag{8a}$$

Weiter ist

$$\frac{\partial L}{\partial \varphi_1} = \frac{1}{2}(\omega_0 + \dot{\varphi}_1)^2\frac{d\Theta_r}{d\varphi_1} - c_1\varphi_1 - c_{34}(i_{30}\varphi_1 - \varphi_4)\, i_{30}$$

$$= \frac{1}{2}(\omega_0^2 + 2\omega_0\dot{\varphi}_1 + \dot{\varphi}_1^2)(\Theta'_{r0} + \Theta''_{r0}\varphi_1) - c_1\varphi_1$$

$$- c_{34} i_{30}(i_{30}\varphi_1 - \varphi_4)$$

$$= \frac{1}{2}\omega_0^2\Theta'_{r0} + \frac{1}{2}\omega_0^2\Theta''_{r0}\varphi_1 + \omega_0\dot{\varphi}_1\Theta'_{r0} - c_1\varphi_1$$

$$- c_{34} i_{30}(i_{30}\varphi_1 - \varphi_4) + \omega_0\dot{\varphi}_1\Theta''_{r0}\varphi_1 + \frac{1}{2}\dot{\varphi}_1^2\Theta_{r0}$$

$$+ \frac{1}{2}\dot{\varphi}_1^2\varphi_1\Theta''_{r0} .$$

Mit der oben angegebenen zulässigen Vereinfachung ergibt sich hier

$$\frac{\partial L}{\partial \varphi_1} = \frac{1}{2}\omega_0^2\Theta_{r0} + \frac{1}{2}\omega_0^2\Theta''_{r0}\varphi_1 + \Theta'_{r0}\dot{\varphi}_1\omega_0 - c_1\varphi_1 - c_{34} i_{30}(i_{30}\varphi_1 - \varphi_4) . \tag{8b}$$

Die Gleichung

$$\frac{d}{dt}\left(\frac{\partial L}{\partial \dot{\varphi}_1}\right) - \frac{\partial L}{\partial \varphi_1} = 0$$

führt hier also auf

$$\ddot{\varphi}_1 + \left(\frac{c_1}{\Theta_{r0}} + \frac{c_{34}\, i_{30}^2}{\Theta_{r0}} - \frac{\omega_0^2\, \Theta_{r0}''}{2\, \Theta_{r0}}\right) \varphi_1 - \frac{c_{34}\, i_{30}}{\Theta_{r0}}\, \varphi_4 = \frac{\omega_0^2\, \Theta_{r0}'}{2\, \Theta_{r0}}\,. \tag{8c}$$

Die Operationen für die Veränderliche φ_4 liefern zunächst

$$\left.\begin{aligned} \frac{\partial L}{\partial \dot{\varphi}_4} &= \Theta_4\, (\dot{\varphi}_4 + i_{30}\, \omega_0); \\ \frac{d}{dt}\left(\frac{\partial L}{\partial \dot{\varphi}_4}\right) &= \Theta_4\, \ddot{\varphi}_4 + \Theta_4\, \omega_0 \frac{d i_{30}}{dt} = \Theta_4\, \ddot{\varphi}_4 + \Theta_4\, \omega_0^2\, i_{30}' \end{aligned}\right\} \tag{9a}$$

$$\frac{\partial L}{\partial \varphi_4} = c_{34}\, (\varphi_1\, i_{30} - \varphi_4)\,. \tag{9b}$$

Somit wird

$$\ddot{\varphi}_4 + \frac{c_{34}}{\Theta_4}\, \varphi_4 - \frac{c_{34}\, i_{30}}{\Theta_4}\, \varphi_1 = -\, \omega_0^2\, i_{30}' = -\, \omega_0^2\, \beta_0'' \tag{9c}$$

oder unter Zusammenfassung beider Gleichungen:

$$\ddot{\varphi}_1 + F_1\, \varphi_1 - G_1\, \varphi_4 = H_1 \tag{10a}$$

$$\ddot{\varphi}_4 + F_4\, \varphi_4 - G_4\, \varphi_1 = H_4 \tag{10b}$$

mit den Abkürzungen:

$$\left.\begin{aligned} F_1 &= \frac{c_1 + c_{34}\, i_{30}^2}{\Theta_{r0}} - \frac{\omega_0^2\, \Theta_{r0}''}{2\, \Theta_{r0}} \\ G_1 &= \frac{c_{34}\, i_{30}}{\Theta_{r0}} \\ H_1 &= \frac{\omega_0^2\, \Theta_{r0}'}{2\, \Theta_{r0}} \end{aligned}\right\} \tag{11a}$$

$$\left.\begin{aligned} F_4 &= \frac{c_{34}}{\Theta_4} \\ G_4 &= \frac{c_{34}\, i_{30}}{\Theta_4} \\ H_4 &= -\, \omega_0^2\, i_{30}' = -\, \omega_0^2\, \beta_0'' \end{aligned}\right\} \tag{11b}$$

Vergleiche hierzu auch [1].

In den Gln. (10) ist nur F_4 konstant, während F_1, G_1 und G_4 periodisch veränderliche Koeffizienten sind. Die Störfunktionen H_1 und H_4 sind ebenfalls periodisch.

Es handelt sich also um ein inhomogenes System linearer Differentialgleichungen zweiter Ordnung mit periodischen Koeffizienten (sogenannte HILLsche Differentialgleichungen).

Für zwei Sonderfälle bietet die Lösung der Gleichungen keine besonderen Schwierigkeiten.

$$\text{Sonderfall 1:} \quad c_1 \to \infty; \quad \varphi_1 = 0; \quad \ddot{\varphi}_1 = 0$$

$$\text{Sonderfall 2:} \quad c_{34} \to \infty; \quad \varphi_4 = 0; \quad \ddot{\varphi}_4 = 0$$

4. Torsion nur im Abtrieb (Sonderfall 1)

Bei starrer Antriebswelle ($c_1 \to \infty$) liegt der einfache Fall der erzwungenen Schwingungen einer Masse vom Massenträgheitsmoment Θ_4 vor, welche mit einer Torsionswelle von der Federsteifigkeit c_{34} verbunden ist. Die Bewegung kann also durch eine inhomogene lineare Differentialgleichung beschrieben werden.

Der Grenzfall $c_1 \to \infty$ liefert aus Gl. (10a) $\varphi_1 = 0$, wie selbstverständlich ist, und reduziert Gl. (10b) auf

$$\ddot{\varphi}_4 + \frac{c_{34}}{\Theta_4}\varphi_4 = -\omega_0^2 \beta_0'' \tag{12}$$

Zur Lösung dieser Differentialgleichung mit periodischer Erregung [2, 12, 13] werden φ_4 und die Störfunktion als Fourier-Reihen entwickelt, d. h.

$$\varphi_4 = \delta_0 + \sum_{n=1}^{k} \delta_n \cos n\alpha + \sum_{n=1}^{k} \varepsilon_n \sin n\alpha,$$

$$-\omega^2 \beta_0'' = \omega_0^2 \left[a_0 + \sum_{n=1}^{k} a_n \cos n\alpha + \sum_{n=1}^{k} b_n \sin n\alpha\right]; \tag{13}$$

$a_0 = 0; \quad n = 1, 2, 3, 4 \ldots$

Werden diese Ansätze in Gl. (12) eingeführt, so folgt mit $\alpha = \omega_0 t$

$$\ddot{\varphi}_4 = -n^2 \omega_0^2 \left[\sum_{n=1}^{k} \delta_n \cos n\alpha + \sum_{n=1}^{k} \varepsilon_n \sin n\alpha\right] \tag{14}$$

und weiter

$$\left(-n^2\omega_0^2 + \frac{c_{34}}{\Theta_4}\right)\left[\sum_{n=1}^{k} \delta_n \cos n\alpha + \sum_{n=1}^{k} \varepsilon_n \sin n\alpha\right] + \frac{c_{34}}{\Theta_4}\delta_0$$
$$= \omega^2 \left[a_0 + \sum_{n=1}^{k} a_n \cos n\alpha + \sum_{n=1}^{k} b_n \sin n\alpha\right]. \tag{15}$$

Durch Koeffizientenvergleich findet man:

$$\left.\begin{aligned}
\delta_0 &= a_0 \frac{\omega_0^2}{c_{34}/\Theta_4} = 0\,, \\
\delta_n &= \frac{\omega_0^2 \cdot a_n}{c_{34}/\Theta_4 - n^2\,\omega_0^2} = \frac{\lambda_1^2\,a_n}{1 - n^2\,\lambda_1^2}\,, \\
\varepsilon_n &= \frac{\omega_0^2 \cdot b_n}{c_{34}/\Theta_4 - n^2\,\omega_0^2} = \frac{\lambda_1^2\,b_n}{1 - n^2\,\lambda_1^2}\,,
\end{aligned}\right\} \qquad (16)$$

$n = 1, 2 \ldots$ mit $\lambda_1^2 = \dfrac{\omega_0^2}{c_{34}/\Theta_4}$.

Es läßt sich mit

$$a_n \cos n\alpha + b_n \sin n\alpha = c_n \cos(n\alpha - \bar{\psi}_n)$$

$$c_n = \sqrt{a_n^2 + b_n^2}\,,$$

$$\operatorname{tg} \bar{\psi} = \frac{b_n}{a_n}$$

auch

$$\varphi_4 = \sum_{n=1,2\ldots} D_n \cos(n\alpha - \bar{\psi}_n) \qquad (17)$$

schreiben, worin

$$D_n = \frac{\lambda_1^2\,c_n}{1 - n^2\,\lambda_1^2}$$

ist.

Die weitere Durchführung der Rechnung zur Bestimmung des zeitlichen Vorlaufs von φ_4 und schließlich zur Ermittlung der Vergrößerungsfunktion ist im nächsten Kapitel an einem Beispiel erläutert.

5. Torsion nur im Antrieb (Sonderfall 2)

Bei starrer Abtriebswelle ($c_{34} \to \infty$), aber elastischer Antriebswelle kann wegen der Veränderlichkeit der Funktion $\Theta_r(\alpha)$ und wegen der veränderlichen Übersetzung nicht eine so einfache Bewegungsgleichung erwartet werden wie in dem Sonderfall der starren Antriebs- und elastischen Abtriebswelle.
Es bedarf hierbei keiner besonderen neuen Entwicklung; denn $\varphi_4 = \varphi_3$ und $\omega_4 = \omega_3$ liefert für die potentielle Energie U die Form $U = c_1\, \varphi_1^2/2$, während durch Einsetzen von $\omega_4 = \omega_3$ in Gl. (3), dem reduzierten Massenträgheitsmoment jetzt die Form

$$\Theta_r^*(\alpha) = \Theta_r(\alpha) + \Theta_4\, i_3^2; \quad \Theta_r^*(\alpha_0) = \Theta_{r0}^* = \Theta_{r0} + \Theta_4\, i_{30}^2 \tag{18}$$

mit $\Theta_r(\alpha)$ aus Gl. (4) gegeben werden kann. Das heißt, es ist nur Θ_3 durch $\Theta_3^* = \Theta_3 + \Theta_4$ zu ersetzen. Die Funktionen F_1 und H_1 haben ähnliche Formen wie in Gl. (10a) und (11a). Es gilt, wenn wieder φ statt φ_1 geschrieben wird,

$$\ddot{\varphi} + F_1^*\, \varphi = \omega_0^2\, H_1^* \tag{19}$$

mit

$$F_1^* = \frac{c_1}{\Theta_{r0}^*} - \frac{\omega_0^2\, \Theta_{r0}''}{2\, \Theta_{r0}^*} = \frac{2\, c_1 - \omega_0^2\, \Theta_{r0}''}{2\, \Theta_{r0}^*} \tag{20a}$$

$$H_1^* = \frac{1}{2}\, \frac{\Theta_{r0}'}{\Theta_{r0}^*} \tag{20b}$$

Wegen der Linearität dieser Gleichung lautet ihre Lösung:

$$\varphi_1 \equiv \varphi = \varphi_h + \varphi_p,$$

d. h. man kann den Gesamtausschlag φ_1 aus einem Anteil φ_h auf Grund der freien Schwingung des Systems und aus einem Anteil φ_p infolge einer stabilen stationären Schwingung additiv zusammensetzen. Es wird nun, wie schon bei Sonderfall 1, angenommen, daß die freien Schwingungen wegen der vorhandenen Materialdämpfung nach kurzer Zeit abklingen, also nur die stabile stationäre Schwingung übrigbleibt. Diese stationäre Lösung $\varphi = \varphi_p$ entspricht der sogenannten erzwungenen Schwingung des Systems.

In die Gl. (19) sei

$$\overline{\omega}_e^2 = \frac{1}{2\pi} \int_{\alpha=0}^{2\pi} F_1^*(\alpha_0)\, d\alpha \tag{21}$$

eingeführt.

Die Abweichung $\zeta(\alpha_0) = \bar{\omega}_e^2 - F_1^*(\alpha_0)$ sei für alle Werte α gegenüber $\bar{\omega}_e^2$ als genügend klein angenommen.

Dann läßt sich eine angenäherte Lösung von Gl. (20) folgendermaßen iterativ genügend genau herstellen: Hierzu nehme man als Lösung für die erste Annäherung die mit $\varphi_{(1)}$ bezeichnete stationäre Lösung der Differentialgleichung

$$\ddot{\varphi}_{(1)} + \bar{\omega}_e^2 \varphi_{(1)} = \omega_0^2 H_1^* . \tag{22a}$$

Aus der Lösung dieser Gleichung wird nun in zweiter Näherung die stationäre Lösung $\varphi_{(2)}$ der Differentialgleichung

$$\ddot{\varphi}_{(2)} + \bar{\omega}_e^2 \varphi_{(2)} = \omega_0^2 H_1^* + \zeta(\alpha_0)\varphi_{(1)} \tag{22b}$$

errechnet. Dieses Verfahren wird solange fortgesetzt, bis sich eine genügend genaue Lösung ergibt.

Die stationäre Lösung der Differentialgleichung (22) stimmt formal mit der Lösung des Sonderfalles 1 überein.

5.1 Weitere Betrachtungen zum Sonderfall 2

Bei der Betrachtung des periodischen Koeffizienten F_1^* (Abb. 8), insbesondere des Anteils $\frac{c_1}{\Theta_{ro}^*}$, der bei niedrigen Drehzahlen bei weitem überwiegt, zeigt sich, daß der periodische Koeffizient F_1^* für die Kurbelschwinge angenähert

$$F_1^* = \bar{\omega}_e^2 + \bar{a}^2 \cos(k\,\omega_0 t + \sigma); \quad k = 2$$

geschrieben werden kann.

Bei der Doppelkurbel (vgl. Abb. 17) wird $k = 1$.

Die Gl. (19) erhält also die Form

$$\ddot{\varphi} + [\bar{\omega}_e^2 + \bar{a}^2 \cos(k\,\omega_0 t + \sigma)] \cdot \varphi = \omega_0^2 H_1^*(n\,\omega_0 t).$$

Dabei ist $H_1^*(n\,\omega_0 t)$ eine periodische Funktion von t mit der Kreisfrequenz ω_0.

Setzt man

$$k\,\omega_0 t = \bar{\alpha}_0$$

und bedeuten Striche Ableitungen nach $\bar{\alpha}_0$, so folgt

$$\varphi'' + [\bar{\lambda} + \varkappa \cos(\bar{\alpha}_0 + \sigma)] \cdot \varphi = H_1^* \left(\frac{n\bar{\alpha}_0}{k}\right) \tag{23}$$

mit

$$\bar{\lambda} = \left(\frac{\bar{\omega}_e}{k\,\omega_0}\right)^2$$

und

$$\varkappa = \left(\frac{\bar{a}}{k\,\omega_0}\right)^2 .$$

Die Gl. (23) ist eine inhomogene MATHIEUsche Differentialgleichung. Man unterscheidet in der Theorie der MATHIEUschen Differentialgleichung [14] zwei Fälle:

1. $\frac{n}{k} \neq \frac{m}{2}$

2. $\frac{n}{k} = \frac{m}{2}$

(m = ganze Zahl einschließlich der Null).

Bei der vorliegenden Störfunktion H_1^* handelt es sich um eine periodische Funktion. Es ist

$$H_1^*\left(\frac{n}{k}\,\bar{\alpha}_0\right) = \sum a_j e^{i\left(\frac{n}{k}\bar{\alpha}_0\right)}; \quad \alpha_0 = \frac{\bar{\alpha}_0}{k}$$

mit

$$\frac{n}{k} = \frac{1}{2}, 1, \frac{3}{2}, 2 \ldots$$

Es liegt also der zweite Fall vor.

Die Lösung der MATHIEUschen Differentialgleichung erfolgt nach der allgemeinen Methode der Variation der Konstanten.
Es seien $\varphi_I(\alpha_0)$ und $\varphi_{II}(\alpha_0)$ ein Fundamentalsystem der zu Gl. (23) gehörigen homogenen Gleichung, dann ist das allgemeine Integral:

$$\varphi_0(\alpha_0) = \varphi_{II}(\alpha_0) \int_0^{\alpha_0} \frac{\varphi_I(\xi)\, H(n\,\xi)}{D}\, d\xi - \varphi_I(\alpha_0) \int_0^{\alpha_0} \frac{\varphi_{II}(\xi)\, H(n\,\xi)}{D}\, d\xi$$

mit

$$D = \varphi_I \varphi_{II}' - \varphi_{II} \varphi_I' = \text{konst} \neq 0.$$

Wie von G. KOTOWSKI dargestellt wurde, ergibt sich für den Fall einer Störfunktion von der Form

$$H(n\alpha_0) = a \cdot e^{in\alpha_0}$$

die partikuläre Lösung der MATHIEUschen Differentialgleichung zu

$$\varphi_{part} = a \cdot e^{in\alpha_0} \sum_{-\infty}^{\infty} c_\nu \cdot e^{i\nu n\alpha_0}$$

oder wenn die Störfunktion, wie in diesem Falle, eine FOURIER-Reihe ist

$$\varphi_{part} = \sum_j a_j\, e^{i(n\alpha_0)} \sum_{-\infty}^{\infty} c_\nu\, e^{i\nu n\alpha_0}$$

Für den Fall $\frac{n}{k} = \frac{m}{2}$ erhält man das partikuläre Integral in der Form

$$\varphi_{part} = \sum_j \left\{ \sum_0^\infty A_{\nu j} \cos \nu n \alpha_0 + \sum_0^\infty B_{\nu j} \sin \nu n \alpha_0 \right\}.$$

Führt man diesen Ansatz in die inhomogene MATHIEU-Differentialgleichung ein, so gewinnt man nach Durchführung des Koeffizientenvergleichs die $A_{\nu j}$ und $B_{\nu j}$ als Lösung eines algebraischen Gleichungssystems. Bei der Bestimmung der $A_{\nu j}$ und $B_{\nu j}$ ergibt sich für den Fall $\frac{n}{k} = m/2$, daß die partikuläre Lösung φ_{part} überall im Inneren der Gebiete der INCE-STRUTTschen Karte stabil ist. (Für den Fall $\frac{n}{k} \neq m/2$ existieren auch innerhalb der Gebiete Resonanzstellen).

Resonanzstellen

G. KOTOWSKI zeigt, daß die erzwungene Lösung φ_{part} bei einer Störfunktion, die aus nur einer Harmonischen besteht, schon unendlich viele Resonanzstellen aufweist.

Die Resonanzbedingung lautet hier

$$\left(i\nu + i\frac{n}{k} \pm \mu\right) = 0 \tag{24}$$

$\nu = 1, 2, 3, 4, \ldots$
μ = charakteristischer Exponent $= \mu(\bar{\lambda}, \varkappa)$

Für den vorliegenden Fall $\frac{n}{k} = m/2$ ist die obige Gl. (24) erfüllt durch die Grenzkurven der INCE-STRUTTschen Karte ($\mu = mi/2$). Vergleiche hierzu Abb. 14. Die Grenzkurven sind die Lösungen $c_{e0}, c_{e1}, c_{e2}, \ldots, s_{e1}, s_{e2}, \ldots$ der MATHIEUschen Differentialgleichung [15]. Ebenfalls von G. KOTOWSKI ist aber gezeigt worden, daß für große Werte $\bar{\lambda}$ das Verhalten der Lösung φ_{part} nur noch sehr geringe Unterschiede gegenüber dem Verhalten der Lösung der entsprechenden Differentialgleichung mit konstanten Koeffizienten (also für $\varkappa = 0$) zeigt.
Bei größeren Werten $\bar{\lambda}$ ist an einer Resonanzstelle die zugehörige Vergrößerungsfunktion $\mathfrak{v}_j(\lambda_j)$ bei weitem überwiegend.

Die Funktion $\varkappa = \varkappa(\bar{\lambda})$ ist leicht zu bestimmen. Es bedeuteten

$$\bar{\lambda} = \left(\frac{\bar{\omega}_e}{k \cdot \omega_0}\right)^2$$

$$\varkappa = \left(\frac{\bar{a}}{k \cdot \omega_0}\right)^2$$

und damit

$$\varkappa = \left(\frac{\bar{a}}{\bar{\omega}_e}\right)^2 \bar{\lambda}\,.$$

Berücksichtigt man ferner noch, daß $\bar{a}^2$ aus einer konstanten Größe u^2 und einer Größe $\omega_0^2 v^2$ (vgl. Abb. 8) besteht, so wird

$$\varkappa = \varkappa(\bar{\lambda}) = \left(\frac{u}{\bar{\omega}_e}\right)^2 \bar{\lambda} - v^2\,. \tag{25}$$

Solange diese Kurve innerhalb der stabilen Gebiete der Ince-Struttschen Karte verläuft, bleibt die Lösung beschränkt. Die Stücke dieser Kurve, die im instabilen Bereich der Karte liegen, kennzeichnen den jeweiligen Resonanzdrehzahlbereich, siehe hierzu Abb. 14.
Vergleicht man die unter 5. gewonnene Näherungslösung mit der Lösung der Mathieuschen Differentialgleichung, so ist von dem Lösungsansatz gemäß 5. zu verlangen, daß er ebenso wie die Mathieusche Differentialgleichung unendlich viele Resonanzen für eine Störfunktion mit nur einer Harmonischen liefert.
Tatsächlich ist die Anzahl der Resonanzstellen gemäß dem oben geschilderten Iterationsverfahren abhängig von der Anzahl der Näherungsschritte.

Wenn die Rechenvorschrift

$$\ddot{\varphi}_{(n+1)} + \bar{\omega}_e^2\,\varphi_{(n+1)} = \omega^2 H_1^* + \zeta(\alpha_0)\,\varphi_{(n)}$$

an digitalen Rechenautomaten genügend oft durchgeführt wird, so ergeben sich beliebig viele Resonanzstellen.

Das erhellt schon aus den ersten Rechenschritten:

Die erste Näherung der Gleichung

$$\varphi_1'' + (\bar{\lambda} + \varkappa \cos 2\,\alpha)\,\varphi_1 = A \cos \alpha$$

liefert mit

$$\varphi_{(1)}'' + \bar{\lambda}\,\varphi_{(1)} = A \cos \alpha$$

$$\varphi_{(1)} = K_1 \cos \alpha$$

Die zweite Näherung liefert für

$$\varphi_{(2)}'' + \bar{\lambda}\,\varphi_{(2)} = A \cos \alpha - \varkappa K_1 \cos \alpha \cos 2\,\alpha$$

$$\varphi_{(2)} = K_2 \cos \alpha + K_3 \cos 3\,\alpha$$

Die n-te Näherung lautet also:

$$\varphi_{(n)} = C_1 \cos \alpha + C_2 \cos 3\,\alpha + \cdots + C_n \cos (2n - 1)\,\alpha\,. \tag{26}$$

Damit ist nachgewiesen, daß der Sonderfall 2 und somit auch das allgemeine Gleichungssystem iterativ mit der besprochenen Näherung gelöst werden kann.

6. Näherungslösung des allgemeinen Gleichungssystems mit Hilfe der Hauptachsentransformation

Die in Kapitel 2 für den allgemeinen Fall abgeleiteten Gleichungen

$$\left.\begin{aligned} \ddot{\varphi}_1 + F_1 \varphi_1 - G_1 \varphi_4 &= H_1 \\ \ddot{\varphi}_4 + F_4 \varphi_4 - G_4 \varphi_1 &= H_4 \end{aligned}\right\} \quad (10)$$

können ähnlich wie der Sonderfall 2 behandelt werden:

Setzt man

$$\left.\begin{aligned} & F_1 = \overline{F}_1 - f_1(\alpha_0), \quad \overline{F}_1 = \frac{1}{2\pi}\int_0^{2\pi} F_1(\alpha_0)\, d\alpha \\ & F_4 = \overline{F}_4 = \text{konst.}, \\ & G_1 = \overline{G}_1 - g_1(\alpha_0), \quad \overline{G}_1 = \frac{1}{2\pi}\int_0^{2\pi} G_1(\alpha_0)\, d\alpha \\ & G_4 = \overline{G}_4 - g_4(\alpha_0), \\ & \qquad \overline{G}_4 = \frac{1}{2\pi}\int_0^{2\pi} G_4(\alpha_0)\, d\alpha, \end{aligned}\right\} \quad (27)$$

so ist die erste Näherung die Lösung des Gleichungssystems

$$\left.\begin{aligned} \ddot{\varphi}_{1(1)} + \overline{F}_1 \varphi_{1(1)} - \overline{G}_1 \varphi_{4(1)} &= H_1 \\ \ddot{\varphi}_{4(1)} + F_4 \varphi_{4(1)} - \overline{G}_4 \varphi_{1(1)} &= H_4 \end{aligned}\right\} \quad (28a)$$

Sie kann iterativ verbessert werden.

Mit den Lösungen $\varphi_{1(1)}$ und $\varphi_{4(1)}$ dieses Systems geht man in das System

$$\left.\begin{aligned} \ddot{\varphi}_{1(2)} + \overline{F}_1 \varphi_{1(2)} - \overline{G}_1 \varphi_{4(2)} &= H_1 + f_1(\alpha_0)\, \varphi_{1(1)} - g_1(\alpha_0)\, \varphi_{4(1)} \\ \ddot{\varphi}_{4(2)} + F_4 \varphi_{4(2)} - \overline{G}_4 \varphi_{1(2)} &= H_4 - g_4(\alpha_0)\, \varphi_{1(1)} \end{aligned}\right\} \quad (28b)$$

ein und bestimmt die zweite Näherung $\varphi_{1(2)}$ und $\varphi_{4(2)}$.

Das Verfahren wird solange fortgesetzt, bis eine genügende Genauigkeit erreicht ist.

Die Hauptachsentransformation bewirkt ein Entkoppeln der Gln. (10). Hierzu ist es allerdings erforderlich, auf das allgemeine Eigenwertproblem überzugehen, da die Hauptachsentransformation symmetrische Matrizen verlangt.

φ_1 und φ_4 können in eine FOURIER-Reihe entwickelt werden. Es bedeuten also

$$\left.\begin{aligned}
\varphi_1 &= \sum^{n} \bar{\varphi}_{1\,n} \cos (n\,\alpha_0 + \bar{\delta}_{1\,n}) \\
\varphi_4 &= \sum^{n} \bar{\varphi}_{4\,n} \cos (n\,\alpha_0 + \bar{\delta}_{4\,n}) \\
\ddot{\varphi}_1 &= -\sum^{n} (n\,\omega)^2\, \bar{\varphi}_{1\,n} \cos (n\,\alpha_0 + \bar{\delta}_{1\,n}) \\
\ddot{\varphi}_4 &= -\sum^{n} (n\,\omega)^2\, \bar{\varphi}_{4\,n} \cos (n\,\alpha_0 + \bar{\delta}_{4\,n})
\end{aligned}\right\} \tag{29}$$

mit $n = 1, 2, 3, \ldots$

Zur Ermittlung der ersten Näherungslösung ersetzt man in dem zu Gl. (10) gehörenden homogenen Gleichungssystem

$$\left\{(c_1 + i_{30}^2\, c_{34}) - (n\,\omega_0)^2 \left(\frac{\Theta_{r0}''}{2} + \Theta_{r0}\right)\right\} \varphi_1 - i_{30}\, c_{34}\, \varphi_4 = 0$$

$$-\, c_{34} i_{30}\, \varphi_1 + [c_{34} - (n\,\omega_0)^2\, \Theta_4]\, \varphi_4 = 0$$

oder

$$[\mathfrak{C} - (n\,\omega_0)^2\, \mathfrak{A}]\, \Phi = 0 \tag{30a}$$

die einzelnen Stellen der Matrizen $\mathfrak{C}$ und $\mathfrak{A}$ durch ihre Mittelwerte. Es bedeuten:

$$\left.\begin{aligned}
\mathfrak{C} &= \begin{pmatrix} c_1 + i^2 c_{34} & -\,i\,c_{34} \\ -\,i\,c_{34} & c_{34} \end{pmatrix} \\
\mathfrak{A} &= \begin{pmatrix} \dfrac{\Theta_{r0}''}{2} + \Theta_{r0} & 0 \\ 0 & \Theta_4 \end{pmatrix}
\end{aligned}\right\} \tag{31}$$

Sind $\mathfrak{C}^*$ und $\mathfrak{A}^*$ die Matrizen mit den Mittelwerten, so hat das System

$$[\mathfrak{C}^* - (n\,\omega_0)^2\, \mathfrak{A}^*]\, \Phi = 0 \tag{30b}$$

die Eigenwerte $(n\,\omega)_1$ und $(n\,\omega)_2$ mit den zugehörigen Eigenvektoren Φ_1 und Φ_2. Nimmt man jetzt den inhomogenen Anteil der Gleichung hinzu und schreibt

$$\frac{\omega_0^2\, \Theta_{r0}'}{2} = M_1$$

$$-\, \omega_0^2\, \Theta_4\, \beta_0'' = M_2,$$

so erhält man

$$[\mathfrak{C}^* - (n\,\omega_0)^2\, \mathfrak{A}^*]\, \Phi = \begin{pmatrix} M_1 \\ M_2 \end{pmatrix} = \mathfrak{M}\,. \tag{32}$$

Wenn $\mathfrak{X} = (\Phi_1, \Phi_2)$ die orthogonale Matrix der Eigenvektoren Φ_1 und Φ_2 ist, so sei

$$\Phi = \mathfrak{X} \cdot \Psi \tag{33}$$

Dann ist weiter:

$$\left.\begin{aligned} \mathfrak{X}' \left[\mathfrak{C}^* - (n\,\omega_0)^2\, \mathfrak{A}^*\right] \mathfrak{X} \cdot \Psi &= \mathfrak{X}' \cdot \mathfrak{M} \\ \left[\mathfrak{X}'\, \mathfrak{C}^*\, \mathfrak{X} - (n\omega_0)^2\, \mathfrak{X}'\, \mathfrak{A}^*\, \mathfrak{X}\right] \Psi &= \mathfrak{X}' \cdot \mathfrak{M}\,. \end{aligned}\right\} \tag{34}$$

Wegen der Orthogonalität der Eigenvektoren, und weil $\mathfrak{C}^*$ und $\mathfrak{A}^*$ symmetrische Matrizen sind, sind $\mathfrak{X}'\,\mathfrak{C}^*\,\mathfrak{X}$ und $\mathfrak{X}'\,\mathfrak{A}^*\,\mathfrak{X}$ Diagonalmatrizen mit den Gliedern γ_i und μ_i.

Es entsteht also das einfache System

$$\left\{\begin{pmatrix} \gamma_1 & 0 \\ 0 & \gamma_2 \end{pmatrix} - (n\,\omega_0)^2 \cdot \begin{pmatrix} \mu_1 & 0 \\ 0 & \mu_2 \end{pmatrix}\right\} \begin{pmatrix} \Psi_1 \\ \Psi_2 \end{pmatrix} = \mathfrak{X}' \begin{pmatrix} M_1 \\ M_2 \end{pmatrix} \tag{35}$$

Mit

$$\Phi_1 = \begin{pmatrix} \varphi_{11} \\ \varphi_{41} \end{pmatrix} \quad \text{und} \quad \Phi_2 = \begin{pmatrix} \varphi_{12} \\ \varphi_{42} \end{pmatrix}$$

ist

$$\mathfrak{X} = \begin{pmatrix} \varphi_{11} & \varphi_{12} \\ \varphi_{41} & \varphi_{42} \end{pmatrix}, \quad \mathfrak{X}' = \begin{pmatrix} \varphi_{11} & \varphi_{41} \\ \varphi_{12} & \varphi_{42} \end{pmatrix}$$

Das Gleichungssystem ist damit entkoppelt, und es entstehen die beiden Gleichungen

$$\left.\begin{aligned} \left[\gamma_1 - (n\,\omega_0)^2\, \mu_1\right] \psi_1 &= \varphi_{11} M_1 + \varphi_{41} M_2 \\ \left[\gamma_2 - (n\,\omega_0)^2\, \mu_2\right] \psi_2 &= \varphi_{12} M_1 + \varphi_{42} M_2 \end{aligned}\right\} \tag{36}$$

ψ_1, ψ_2 und die Momente sind periodische Funktionen, die sich durch FOURIER-Reihen darstellen lassen.

$$\left.\begin{aligned} \psi_1 &= \sum_{n=1}^{k} ({}_1\xi_n \cos n\alpha_0 + {}_1\eta_n \sin n\alpha_0) \\ \psi_2 &= \sum ({}_2\xi_n \cos n\alpha_0 + {}_2\eta_n \sin n\alpha_0) \\ M_1 &= \sum ({}_1m_n \cos n\alpha_0 + {}_1p_n \sin n\alpha_0)\, \omega_0^2 \\ M_2 &= \sum ({}_2m_n \cos n\alpha_0 + {}_2p_n \sin n\alpha_0)\, \omega_0^2 \end{aligned}\right\} \tag{37}$$

Durch Koeffizientenvergleich findet man schließlich die Lösung

$$\left.\begin{aligned}
\psi_1 = \varphi_{11} \sum_{n=1}^{k} \left(\frac{{}_1m_n}{\gamma_1 - n^2 \omega^2 \mu_1} \cos n\alpha_0 + \frac{{}_1p_n}{\gamma_1 - n^2 \omega^2 \mu_1} \sin n\alpha_0 \right) \omega_0^2 \\
+ \varphi_{41} \sum_{n=1}^{k} \left(\frac{{}_2m_n}{\gamma_1 - n^2 \omega^2 \mu_1} \cos n\alpha_0 + \frac{{}_2p_n}{\gamma_1 - n^2 \omega^2 \mu_1} \sin n\alpha_0 \right) \omega_0^2 \\
\psi_2 = \varphi_{12} \sum_{n=1}^{k} \left(\frac{{}_1m_n}{\gamma_2 - n^2 \omega^2 \mu_2} \cos n\alpha_0 + \frac{{}_1p_n}{\gamma_2 - n^2 \omega^2 \mu_2} \sin n\alpha_0 \right) \omega_0^2 \\
+ \varphi_{42} \sum_{n=1}^{k} \left(\frac{{}_2m_n}{\gamma_2 - n^2 \omega^2 \mu_2} \cos n\alpha_0 + \frac{{}_2p_n}{\gamma_2 - n^2 \omega^2 \mu_2} \sin n\alpha_0 \right) \omega_0^2
\end{aligned}\right\} \quad (38\text{a})$$

Mit den Abkürzungen

$$\left.\begin{aligned}
&\frac{{}_1m_n}{\mu_1} = {}_1a_n^*; \quad \frac{{}_1p_n}{\mu_1} = {}_1b_n^*; \\
&\frac{{}_2m_n}{\mu_1} = {}_2a_n^*; \quad \frac{{}_2p_n}{\mu_1} = {}_2b_n^*; \\
&\frac{{}_1m_n}{\mu_2} = {}_1\bar{a}_n; \quad \frac{{}_1p_n}{\mu_2} = {}_1\bar{b}_n; \\
&\frac{{}_2m_n}{\mu_2} = {}_2\bar{a}_n; \quad \frac{{}_2p_n}{\mu_2} = {}_2\bar{b}_n; \\
&{}_1a_n^* \cos n\alpha_0 + {}_1b_n^* \sin n\alpha_0 = {}_1A_n \cos (n\alpha_0 - {}_1\Delta_n) \\
&\operatorname{tg} {}_1\Delta_n = \frac{{}_1b_n^*}{{}_1a_n^*} = \frac{{}_1\bar{b}_n}{{}_1\bar{a}_n}; \\
&\operatorname{tg} {}_2\Delta_n = \frac{{}_2b_n^*}{{}_2a_n^*} = \frac{{}_2\bar{b}_n}{{}_2\bar{a}_n}; \\
&{}_1A_n = \sqrt{{}_1a_n^{*2} + {}_1b_n^{*2}}; \quad {}_1\bar{A}_n = \sqrt{{}_1\bar{a}_n^2 + {}_1\bar{b}_n^2}; \\
&{}_2A_n = \sqrt{{}_2a_n^{*2} + {}_2b_n^{*2}}; \quad {}_2\bar{A}_n = \sqrt{{}_2\bar{a}_n^2 + {}_2\bar{b}_n^2}; \\
&\frac{\omega^2}{\gamma_1/\mu_1} = \lambda_3^2; \quad \frac{\omega^2}{\gamma_2/\mu_2} = \lambda_4^2; \quad \alpha_0 = \omega_0 t
\end{aligned}\right\} \quad (38\text{b})$$

ergibt sich die endgültige Form der Gleichungen zu:

$$\left.\begin{aligned}
\psi_1 &= \varphi_{11}\lambda_3^2 \sum_{n=1}^{k} \frac{{}_1A_n}{1 - n^2\lambda_3^2} \cos(n\alpha_0 - {}_1\Delta_n) \\
&+ \varphi_{41}\lambda_3^2 \sum_{n=1}^{k} \frac{{}_2A_n}{1 - n^2\lambda_3^2} \cos(n\alpha_0 - {}_2\Delta_n) \\
\psi_2 &= \varphi_{12}\lambda_4^2 \sum_{n=1}^{k} \frac{{}_1\overline{A}_n}{1 - n^2\lambda_4^2} \cos(n\alpha_0 - {}_1\Delta_n) \\
&+ \varphi_{42}\lambda_4^2 \sum_{n=1}^{k} \frac{{}_2\overline{A}_n}{1 - n^2\lambda_4^2} \cos(n\alpha_0 - {}_2\Delta_n)
\end{aligned}\right\} \qquad (39)$$

So ist das allgemeine Problem auf den Sonderfall 2 zurückgeführt. Es war aber

$$\Phi = \mathfrak{X} \cdot \psi .$$

Also lautet die Lösung für φ_1 und φ_4

$$\left.\begin{aligned}
\varphi_1 &= \varphi_{11}\psi_1 + \varphi_{12}\psi_2 \\
\varphi_4 &= \varphi_{41}\psi_1 + \varphi_{42}\psi_2
\end{aligned}\right\} \qquad (40)$$

Führt man die Iteration fort und schreibt für

$$\left.\begin{aligned}
\mathfrak{C} &= \begin{pmatrix} c_{11} - q_{11}(\alpha_0) & c_{12} - q_{12}(\alpha_0) \\ c_{21} - q_{21}(\alpha_0) & c_{22} - q_{22}(\alpha_0) \end{pmatrix} \\
\mathfrak{A} &= \begin{pmatrix} a_{11} - r_{11}(\alpha_0) & 0 \\ 0 & a_{22} - r_{22}(\alpha_0) \end{pmatrix}
\end{aligned}\right\} \qquad (41)$$

so erhält man für weitere Iterationsschritte

$$[\mathfrak{C}^* - (n\omega_0)^2\,\mathfrak{A}^*]\begin{pmatrix} \varphi_{1(n)} \\ \varphi_{4(n)} \end{pmatrix} = \begin{pmatrix} M_1 + [q_{11}(\alpha_0) - (n\omega)^2 \cdot r_{11}(\alpha_0)]\,\varphi_{1(n-1)} + q_{12}(\alpha_0)\cdot\varphi_{4(n-1)} \\ M_2 + q_{21}(\alpha_0)\cdot\varphi_{1(n-1)} + [q_{22}(\alpha_0) - (n\omega)^2 \cdot r_{22}(\alpha_0)]\,\varphi_{4(n-1)} \end{pmatrix} \quad ($$

Hierin sind $\varphi_{k(n)}$ Näherungen n-ter Ordnung und die $\varphi_{k(n-1)}$ Näherungen (n — 1)-ter Ordnung.

Für die gesamte Iteration sind die φ_{mn}, γ_n und μ_n nur einmal zu bestimmen, da sie für das homogene System – das bei allen Iterationsschritten unverändert ist – bestimmt werden. Trotzdem ist das Verfahren sehr langwierig.

7. Analoge Integration der Bewegungsgleichungen

Die Bewegungsgleichungen sind mit viel geringerem Zeit- und Rechenaufwand zu lösen, wenn ein Analogrechner zur Verfügung steht. Hierbei bereitet es auch grundsätzlich keine Schwierigkeiten, wenn auf die vereinfachende Annahme konstanter Antriebsdrehzahl verzichtet wird. Hier soll allerdings mit $\omega_0 =$ konst. weiter gerechnet werden. Im folgenden sollen Rechenschaltungen für die im Kapitel 5.1 abgeleitete MATHIEUsche Differentialgleichung und für das allgemeine System der Bewegungsgleichungen aus Kapitel 3 angegeben werden.

7.1 Umformung der Bewegungsgleichungen

Differentialgleichungen, die auf dem Analogrechner gelöst werden sollen, löst man zweckmäßigerweise nach der höchsten Ableitung auf, weil dadurch das bei einem analogen Rechengerät ungenaue Differentiieren vermieden wird.
Die zu untersuchenden Bewegungsgleichungen lauten dann
für den zweiten Sonderfall

$$\ddot{\varphi}_1 = \omega_0^2 H_1^* - \varphi_1(\overline{\omega}_e^2 - \overline{a}^2 \cos 2\,\omega t) \tag{43}$$

und für das allgemeine Gleichungssystem

$$\left.\begin{aligned} \ddot{\varphi}_1 &= H_1 - F_1 \varphi_1 + G_1 \varphi_4 \\ \ddot{\varphi}_4 &= H_4 - F_4 \varphi_4 + G_4 \varphi_1 \end{aligned}\right\} \tag{44}$$

7.2 Aufbau und Erläuterung der Rechenschaltung [16, 17, 18, 19]

Für die Gl. (43) benötigt man am Analogrechner einen geschlossenen Kreis, ebenso für die beiden Gln. (44). Dabei sind jedoch die beiden Rechenkreise der Gl. (44) miteinander gekoppelt.
Die periodischen Größen H_1^*, H_1, H_4, F_1, G_1, G_4 haben alle die Periodenlänge $T = \frac{2\pi}{\omega_0}$. Sie werden für ein zu untersuchendes Getriebe rechnerisch oder zeichnerisch bestimmt und dann im Rechner durch eine FOURIER-Synthese erzeugt. Die Konstanten $F_4, \overline{\omega}_e^2$ und $\overline{a}^2$ werden durch Potentiometer eingestellt.
Die Grundelemente des elektronischen Analogrechners sind Potentiometer, Summierer, Integrierer, Multiplizierer und Funktionsgeneratoren. Die Symbole,

die entsprechenden Schaltungen und die mathematischen Formulierungen für die einzelnen Grundelemente sind in Abb. 3 angegeben. Aus diesen Symbolen setzen sich die folgenden Schaltungen zusammen.

7.2.1 Schaltung für die Bewegungsgleichung (43)

(Abb. 4) Am Eingang des Integrierverstärkers V1 werden $\omega_0^2 H_1^*$ und $-\varphi_1(\bar{\omega}_e^2 - a^2 \cos 2\omega t)$ summiert. Das ist aber gerade $\ddot{\varphi}_1$, und φ_1 erhält man durch zweimalige Integration. Im Multiplizierer wird dann φ_1 mit $-(\bar{\omega}_e^2 - \bar{a}^2 \cos 2\omega t)$ multipliziert. Am Ausgang des Multiplizierers kann man das Produkt mit dem gewünschten Vorzeichen erhalten. Die Funktionen H_1^* und $\cos 2\omega t$ werden in verschiedenen Schwingkreisen erzeugt, die aber nicht in das Rechenschaltbild aufgenommen wurden.

Da der Analogrechner auch die Einschwingvorgänge liefert, ist es notwendig, die Eigenschwingung des Systems abzudämpfen. Zu diesem Zweck wird im Verstärker V1 zu den beiden oben beschriebenen Größen noch die Dämpfung $-D\dot{\varphi}_1$ addiert.

Um die Ergebnisse der Rechnung nicht zu verfälschen, muß die Dämpfung nach Erreichen des stationären Zustandes langsam zu Null gemacht werden. Das Potentiometer P_4 muß *langsam* und *gleichmäßig* heruntergedreht werden, damit der stationäre Zustand erhalten bleibt. Es stellt sich also erst nach einer längeren Rechenzeit die gesuchte Lösung ein. Diese lange Rechenzeit birgt eine geringe Fehlermöglichkeit in sich.

7.2.2 Schaltung für die Bewegungsgleichungen (44)

(Abb. 5) Am Eingang des Integrationsverstärkers V_1 sei $\ddot{\varphi}_1$ vorhanden, am Eingang von V_3 liege $\ddot{\varphi}_4$. Durch einmalige Integration entstehen $-\dot{\varphi}_1$ bzw. $-\dot{\varphi}_4$, nach einer weiteren Integration φ_1 bzw. φ_4. Entsprechend Gl. (44) werden die φ_1, φ_4 mit den periodischen Funktionen F_1, G_1, G_4 multipliziert. Am Ausgang der Multiplizierer kann das gewünschte Vorzeichen abgegriffen werden. Da F_4 eine Konstante ist, wird sie durch ein Potentiometer eingestellt. Im Rechenkreis ist φ_4 nur mit positivem Vorzeichen vorhanden, es wird aber $-F_4\varphi_4$ benötigt. Darum ist hinter P_1 ein Vorzeichenumkehrer V_5 erforderlich. In V_1 und V_3 werden schließlich die rechten Seiten der Gl. (44) aufsummiert. Damit sind die Rechenkreise geschlossen. Die angenäherte Erzeugung der Funktionen H_1, H_4, F_1, G_1, G_4 im Analogrechner durch harmonische Synthese ist nicht in das Schaltbild aufgenommen worden.

Schließlich sei noch erwähnt, daß ähnlich wie in 7.2.1 die Eigenschwingungen des Systems durch eine geschwindigkeitsproportionale Dämpfung ($D_1\dot{\varphi}_1$ und $D_4\dot{\varphi}_4$) vernichtet werden. Da aber keine Dämpfungsglieder im untersuchten Gleichungssystem vorhanden sind, müssen die Potentiometer P_2 und P_3 langsam auf Null gedreht werden, nachdem sich die stationären Schwingungen eingestellt haben.

7.3 Skalierungsmaßstäbe

Bei elektronischen Analogrechnern ist die Rechenspannung die abhängige Veränderliche des physikalischen oder mathematischen Problems. Da die maximale Rechenspannung des verwendeten transistorisierten Analogrechners 10 V beträgt – die nicht überschritten werden dürfen –, wird die maximale Auslenkung φ_{max} dieser Rechenspannung zugeordnet.

Es ist also

$$\varphi_{max}\gamma^* = 10\text{ V} \tag{45}$$

mit γ^* als Proportionalitätsfaktor.

Die Schreibweise $[\varphi\gamma^*]$ für die ‚skalierte' Größe besagt, daß die erhaltene Gleichspannung für die Lösung mit $\frac{1}{\gamma^*}$ zu multiplizieren ist, um den Zahlenwert der physikalischen Größe zu bekommen.

Die unabhängige Veränderliche ist stets die Maschinenzeit. Maschinenzeit und die wirkliche Zeit für den physikalischen Vorgang sind einander entsprechend

$$\tau = \beta^* \cdot t \tag{46}$$

zugeordnet.

Am Beispiel der MATHIEUschen Differentialgleichung (Abb. 4) soll die Skalierung erklärt werden: Führt man die oben beschriebenen Größen in Gl. (43) ein, so erhält man die sogenannte Maschinengleichung

$$\frac{d^2[\varphi\gamma_1^*]}{d\tau^2} + \frac{10}{\beta^{*2}}[\bar{\omega}_e^2 - \bar{a}^2\cos 2\omega_0 t]\cdot\left[\frac{\varphi\gamma_1^*}{10}\right] = \frac{\gamma_1^*\omega_0^2[H_1^*\gamma_2^*]}{\gamma_2^*\beta^{*2}} \tag{47a}$$

Es war aber

$$\beta^* = \frac{\tau}{t} = \frac{\omega_0}{\omega_{Rechner}} \quad \text{mit} \quad \omega_{Rechner} = 1$$

und

$$\omega_0 = \lambda_2\bar{\omega}_e.$$

Führt man diese Werte in Gl. (47a) ein, so lautet die Maschinengleichung:

$$\frac{d^2[\varphi\gamma_1^*]}{d\tau^2} + \left[\frac{10}{\lambda_2^2} - \frac{\bar{a}^2\cdot 10}{\lambda_2^2\bar{\omega}_e^2}\cos 2\omega_0 t\right]\left[\frac{\varphi\gamma_1^*}{10}\right] = \frac{\gamma_1^*}{\gamma_2^*}[H_1\gamma_2^*]\,. \tag{47b}$$

Der Faktor 10 in dieser Gleichung – es ist die maximale Rechenspannung – entsteht dadurch, daß ein elektronischer Multiplizierer das Ergebnis $\frac{AB}{10}$ liefert. Die Abb. 4 zeigt den Schaltplan dieser Gleichung.

Es gilt jetzt:

$$P_1 = \frac{\gamma_1^*}{\gamma_2^* k_1},$$

$$P_2 = \frac{10}{\lambda_2^2 k_2},$$

$$P_3 = \frac{\bar{a}^2\, 10}{\lambda_2^2 \bar{\omega}_e^2 k_2}.$$

Weiter sei $k_4 = 1$.

Das hier beschriebene Verfahren ist auch bei allen anderen Schaltungen anwendbar.

8. Rechenbeispiele

Für eine Kurbelschwinge und eine Doppelkurbel soll jetzt die in Kapitel 5 und 6 geschilderte Rechnung durchgeführt werden. Die gefundenen Näherungslösungen werden mit den Lösungen des elektronischen Analogrechners verglichen.

8.1 Torsion im Antrieb einer Kurbelschwinge

Für die Kurbelschwinge soll der Sonderfall 2 (Torsion nur im Antrieb) behandelt werden. Die Daten des untersuchten Getriebes sind:

$$
\begin{aligned}
a &= 40 \text{ mm}\\
b &= 180 \text{ mm}\\
c &= 180 \text{ mm}\\
d &= 160 \text{ mm}\\
\rho_2 &= 90 \text{ mm}\\
\sigma_2 &= 0\\
c_1 &= 20 \text{ cmkp}\\
\Theta_{\text{Kurbel } A_0} &= 25{,}1\ 10^{-3} \text{ cmkps}^2\\
\Theta_{\text{Koppel } A} &= 31{,}4\ 10^{-3} \text{ cmkps}^2\\
\Theta_{\text{Schwinge } B_0} &= 48{,}4\ 10^{-3} \text{ cmkps}^2\\
\Theta_4 &= 16{,}5\ 10^{-3} \text{ cmkps}^2\\
m_{\text{Koppel}} &= m_2 = 0{,}237\ 10^{-3} \text{ kps}^2 \text{ cm}^{-1}\\
m_{\text{Schwinge}} &= m_3 = 0{,}679\ 10^{-3} \text{ kps}^2 \text{ cm}^{-1}\\
m_{\text{Kurbel}} &= m_1 = 1{,}640\ 10^{-3} \text{ kps}^2 \text{ cm}^{-1}\\
m_4 &= 1{,}065\ 10^{-3} \text{ kps}^2 \text{ cm}^{-1}
\end{aligned}
$$

Aus diesen Größen folgen $\Theta_r(\alpha_0) = Q_{r0}$ und seine Ableitungen Q'_{r0}, Q''_{r0}, vgl. Abb. 6.

Die Abb. 7 und 8 zeigen den Verlauf der Funktionen H_1^* und F_1^* aus Gl. (20). Ermittelt man jetzt die erste Näherungslösung gemäß Gl. (22a), so erhält man für die ersten vier Harmonischen von $\varphi_{(1)}$ die Vergrößerungsfunktionen

$$V_n = \frac{\lambda_2^2 \sqrt{a_n^2 + b_n^2}}{1 - n^2 \lambda_2^2} .$$

Dabei sind die positiven Vergrößerungsfunktionen der einzelnen Harmonischen zur Zeit $t = 0$ um den Phasenwinkel $\bar{\psi}_n$ gegeneinander verschoben. Weiter bedeutet

$$\lambda_2^2 = \omega_0^2/\bar{\omega}_e^2 .$$

Die Vergrößerungsfunktionen V_n sind in Abb. 9 aufgetragen.
Für $\lambda_2 = 0{,}70$ wurde $\varphi_{(1)}$ und $\varphi_{(2)}$ ermittelt. Der Verlauf des Korrekturgliedes $\zeta(\alpha)\,\varphi_{(1)}$ ist in Abb. 11 dargestellt. Damit entsteht die neue Störfunktion $\omega_0^2 H_1^* + \zeta(\alpha)\varphi_{(1)}$ gemäß Gl. (22b). Diese Funktion ist wieder zu analysieren, und es ergeben sich dann die neuen Vergrößerungsfunktionen $V_{n(2)}$ und $\bar{\psi}_{n(2)}$.
Durch geometrische Addition wurden aus den Werten $V_{n(1)}$ und $V_{n(k)}$ für $\lambda_2 = 0{,}70$ die partikulären Lösungen $\varphi_{(1)} = f(\alpha_0)$ und $\varphi_{(2)} = f(\alpha_0)$ gefunden (vgl. Abb. 10). Wie aus Abb. 10 ersichtlich ist, ist der Unterschied zwischen der ersten und zweiten Näherung nur gering. Die dritte Näherung wird mit der zweiten praktisch zusammenfallen. Das wird nicht in jedem Fall so sein. Die hier untersuchten Modelle sind so günstig ausgelegt, daß ihre Resonanzbereiche (vgl. Ince-Struttsche Karte, Abb. 12) praktisch zu den Resonanzstellen des linearen Schwingers entarten. Das ist sogar im Instabilitätsbereich halber Ordnung noch sehr genau der Fall!
Zum Vergleich liefert die Ince-Struttsche Karte für die Mathieusche Differentialgleichung (Abb. 12) die Resonanzbereiche

$$\begin{aligned}
\omega_1 &= 24{,}4 \text{ bis } 26{,}2\ \text{s}^{-1}\\
\omega_2 &= 12{,}7\ \text{s}^{-1}\\
\omega_3 &= 8{,}46\ \text{s}^{-1}\\
\omega_4 &= 6{,}35\ \text{s}^{-1}\\
&\ \vdots
\end{aligned}$$

Die Resonanzstellen der Gleichung

$\ddot{\varphi}_1 + [\bar{\omega}_2^2 + \bar{a}^2 \cos(\bar{\alpha}_0 + \sigma)] \cdot \varphi_1 = \omega^2 H_1^* \left(\frac{n}{k}\,\alpha_0\right)$ stimmen also mit den Resonanzen der Gleichung $\ddot{\varphi}_1 + \bar{\omega}_e^2 \varphi_1 = \omega^2 H_1^* \left(\frac{n}{k}\,\bar{\alpha}_0\right)$ überein. Nur bei der ersten Resonanzstelle ist der instabile Bereich des rheolinearen Schwingers deutlich gegenüber der Resonanzstelle des linearen Schwingers erweitert. Dort wird die angegebene erste Näherung nur ungenaue Werte für $\varphi_{(1)}$ liefern, während die Werte der ersten Näherung mit abnehmendem ω wesentlich genauer werden.

Wenn die Rechenvorschrift

$$\ddot{\varphi}_{(n+1)} + \bar{\omega}_e^2\,\varphi_{(n+1)} = \omega_0^2 H_1^* + \zeta(\alpha_0)\cdot\varphi_{(n)}$$

an digitalen Rechenautomaten genügend oft durchgeführt wird, wird auch die Genauigkeit an der ersten Resonanzstelle ausreichend.

Die genauen Lösungskurven, die mit Hilfe des Analogrechners für die MATHIEU-sche Differentialgleichung gefunden wurden, bestätigen ebenfalls die Richtigkeit der in Abb. 10 aufgezeichneten Näherungslösungen. Die Lösungskurve des Analogrechners ist in Abb. 16 eingetragen.
Die Resonanzkurve für Torsion im Antrieb (Abb. 13) wurde ebenfalls mit Hilfe eines Analogrechners ermittelt.

8.2 Beispiel zur Hauptachsentransformation, Torsion im An- und Abtrieb einer Doppelkurbel

Für die Doppelkurbel mit folgenden Daten soll die erste Näherungslösung durch Entkoppeln des Gleichungssystems (Hauptachsentransformation wie oben beschrieben) ermittelt werden. Die genaue Lösung der Aufgabe wird mit Hilfe von zwei elektronischen Analogrechnern der Type PACE TR 10 gefunden (Abb. 23).

Daten der Doppelkurbel

	$a = 160$ mm
	$b = 180$ mm
	$c = 180$ mm
	$d = 40$ mm
Kurbel 1	$m_1 = 1{,}371\ 10^{-3}$ kps² cm⁻¹
	$\Theta_1 = 78{,}925\ 10^{-3}$ kps² cm
	$\rho_1 = 0{,}43$ cm
Kurbel 2	$m_3 = 0{,}5825\ 10^{-3}$ kps² cm⁻¹
	$\Theta_3 = 41{,}576\ 10^{-3}$ kps² cm
	$\rho_3 = 4{,}58$ cm
Koppel	$m_2 = 0{,}237\ 10^{-3}$ kps² cm⁻¹
	$\Theta_2 = 31{,}4\ 10^{-3}$ kps² cm
	$\rho_2 = 9{,}0$ cm
	$\sigma_2 = 0$
Zusatzmasse	$m_4 = 1{,}065\ 10^{-3}$ kps² cm⁻¹
	$\Theta_4 = 16{,}5\ 10^{-3}$ kps² cm
Federsteifigkeiten	$c_1 = 150$ cmkp
	$c_{34} = 12{,}5$ cmkp

Periodische Größen, Koeffizienten und Störfunktionen der Doppelkurbel sind in folgenden Abbildungen dargestellt:

$Q_r(\alpha_0) = Q_{r0}, Q'_{r0}, Q''_{r0}$	Abb. 14
$H_1/\omega_0^2,\ H_4/\omega_0^2$	Abb. 15
F_1	Abb. 16
$G_1,\ G_4$	Abb. 17

Für ein derartiges Getriebe ergeben sich die Resonanzstellen aus

$$|\mathfrak{C}^* - (n\,\omega)^2\,\mathfrak{A}^*| = 0$$

[vgl. auch Gl. (30b)]. Das führt mit den Zahlenwerten dieses Beispiels auf:

$$\begin{vmatrix} 162{,}5 - 0{,}212\,(n\,\omega)^2 & -12{,}5 \\ -12{,}5 & 12{,}5 - 16{,}5\;10^{-3}\,(n\,\omega)^2 \end{vmatrix} = 0$$

oder aufgelöst:

$$(n\,\omega)_1^2 = 974\ s^{-2};\quad n\,\omega_1 = 31{,}2\ s^{-1}$$
$$(n\,\omega)_2^2 = 550\ s^{-2};\quad n\,\omega_2 = 23{,}5\ s^{-1}$$

Die Resonanzstellen höherer Ordnung liegen also bei

$n = 1$	$\omega_{11} = 31{,}2\ s^{-1}$	$\omega_{21} = 23{,}5\ s^{-1}$
$n = 2$	$\omega_{12} = 15{,}6\ s^{-1}$	$\omega_{22} = 11{,}75\ s^{-1}$
$n = 3$	$\omega_{13} = 10{,}4\ s^{-1}$	$\omega_{23} = 7{,}85\ s^{-1}$
$n = 4$	$\omega_{14} = 7{,}8\ s^{-1}$	$\omega_{24} = 5{,}88\ s^{-1}$
$n = 5$	$\omega_{15} = 6{,}24\ s^{-1}$	$\omega_{25} = 4{,}7\ s^{-1}$

8.2.1 Ermittlung der Eigenvektoren Φ_1 und Φ_2

Die Matrizen $\mathfrak{A}^*$ und $\mathfrak{C}^*$ des Gleichungssystems lauten:

$$\mathfrak{A}^* = \begin{pmatrix} 0{,}212 & 0 \\ 0 & 0{,}0165 \end{pmatrix}$$

$$\mathfrak{C}^* = \begin{pmatrix} 162{,}5 & -12{,}5 \\ -12{,}5 & 12{,}5 \end{pmatrix}$$

Aus $[\mathfrak{C} - (n\,\omega)_i^2\,\mathfrak{A}]\ \Phi_i = 0$ ergeben sich die beiden Eigenvektoren Φ_1 und Φ_2 zu

$$\Phi_1 = \begin{pmatrix} 0{,}288 \\ -1 \end{pmatrix},\quad \Phi_2 = \begin{pmatrix} 0{,}270 \\ 1 \end{pmatrix}.$$

Diese beiden nicht trivialen Lösungen existieren wegen $\det(\mathfrak{C} - \omega_i^2\,\mathfrak{A}) = 0$.

8.2.2 Hauptachsentransformation und Berechnung der Vergrößerungsfunktionen

Es sind

$$\mathfrak{X} = \begin{pmatrix} 0{,}288 & 0{,}270 \\ -1 & 1 \end{pmatrix}, \quad \mathfrak{X}' = \begin{pmatrix} 0{,}288 & -1 \\ 0{,}270 & 1 \end{pmatrix}$$

weiter werden

$$\mathfrak{X}'\mathfrak{C}\mathfrak{X} = \begin{pmatrix} \gamma_1 & 0 \\ 0 & \gamma_2 \end{pmatrix} = \begin{pmatrix} 33{,}2 & 0 \\ 0 & 17{,}6 \end{pmatrix}$$

und

$$\mathfrak{X}'\mathfrak{A}\mathfrak{X} = \begin{pmatrix} \mu_1 & 0 \\ 0 & \mu_2 \end{pmatrix} = \begin{pmatrix} 0{,}03405 & 0 \\ 0 & 0{,}03195 \end{pmatrix}.$$

Damit folgt

$$\left\{\begin{pmatrix} 33{,}2 & 0 \\ 0 & 17{,}6 \end{pmatrix} - \omega^2 \cdot \begin{pmatrix} 0{,}03405 & 0 \\ 0 & 0{,}03195 \end{pmatrix}\right\} \begin{pmatrix} \psi_1 \\ \psi_2 \end{pmatrix} =$$

$$= \begin{pmatrix} 0{,}288 & -1 \\ 0{,}270 & 1 \end{pmatrix} \cdot \begin{pmatrix} M_1 \\ M_2 \end{pmatrix}$$

oder

$$(33{,}2 - \omega^2\, 0{,}03405)\, \psi_1 = 0{,}288\, M_1 - 1\, M_2$$

$$(17{,}6 - \omega^2\, 0{,}03195)\, \psi_2 = 0{,}270\, M_1 + 1\, M_2$$

Die weiteren für die Rechnung erforderlichen Daten sind aus den FOURIER-Koeffizienten für M_1 und M_2 gewonnen:

n	${}_1A_n$	${}_2A_n$	${}_1\bar{A}_n$	${}_2\bar{A}_n$	${}_1\Delta_n$ [°]	${}_2\Delta_n$ [°]
1	0,668	0,130	0,713	0,1395	— 81,2	117,2
2	0,362	0,0573	0,385	0,0611	— 95,1	103,2
3	0,153	0,0213	0,164	0,0227	— 106,7	90
4	0,052	0,0058	0,055	0,0062	— 90,0	90

Die Rechnung soll auf vier Harmonische beschränkt bleiben.

Es ist noch

$$\lambda_3^2 = \lambda_4^2 \frac{\gamma_2/\mu_2}{\gamma_1/\mu_1}$$

$$\lambda_3 = 0{,}752\, \lambda_4$$

Die einzelnen Glieder der reduzierten Winkel ψ_1 und ψ_2 gemäß Gl. (39) sind für das Beispiel in Abb. 18 über λ_3 aufgetragen. In Abb. 18a sieht man, daß auch die vierte Harmonische verschwindend klein ist; in der weiteren Rechnung ist auf die vierte Harmonische verzichtet.

Schreibt man die ausführliche Form der Gln. (40) hin, so sieht man, daß sich für $\varphi_{1(1)}$ und $\varphi_{4(1)}$ unter Berücksichtigung der ersten drei Harmonischen je sechs phasenverschobene, verschiedenfrequente Anteile ergeben:

$$\left.\begin{aligned}
\varphi_{1(1)} &= \sum \left(\varphi_{11}^2 \lambda_3^2 \frac{{}_1A_n}{1 - n^2 \lambda_3^2} + \varphi_{12}^2 \lambda_4^2 \frac{{}_1\overline{A}_n}{1 - n^2 \lambda_4^2} \right) \cos (n \alpha_0 - {}_1\Delta_n) + \\
&+ \sum \left(\varphi_{11} \varphi_{41} \lambda_3^2 \frac{{}_2A_n}{1 - n^2 \lambda_3^2} + \varphi_{12} \varphi_{42} \lambda_4^2 \frac{{}_2\overline{A}_n}{1 - n^2 \lambda_4^2} \right) \cos (n \alpha_0 - {}_2\Delta_n) \\
\varphi_{4(1)} &= \sum \left(\varphi_{41} \varphi_{11} \lambda_3^2 \frac{{}_1A_n}{1 - n^2 \lambda_3^2} + \varphi_{42} \varphi_{12} \lambda_4^2 \frac{{}_1\overline{A}_n}{1 - n^2 \lambda_4^2} \right) \cos (n \alpha_0 - {}_1\Delta_n) \\
&+ \sum \left(\varphi_{41}^2 \lambda_3^2 \frac{{}_2A_n}{1 - n^2 \lambda_3^2} + \varphi_{42}^2 \lambda_4^2 \frac{{}_2\overline{A}_n}{1 - n^2 \lambda_4^2} \right. \cos (n \alpha_0 - {}_2\Delta_n)
\end{aligned}\right\} \quad (48)$$

Zur genauen Ermittlung von $\varphi_{1(1)\max}(\lambda)$ bzw. $\varphi_{4(1)\max}(\lambda)$ müssen die partikulären Lösungen $\varphi_{1(1)}(\alpha_0)$ und $\varphi_{4(1)}(\alpha_0)$ der Gln. (10) bestimmt werden. Das erfordert – wie schon bei der Lösung des zweiten Sonderfalles – einen erheblichen Aufwand, da das graphische Verfahren für genügend kleine Schritte $\Delta\lambda$ wiederholt werden muß. Um einen Vergleich mit den Rechenergebnissen des Analogrechners durchführen zu können, wurden für $\lambda_3 = 0{,}6$ die Lösungen $\varphi_{1(1)}$ und $\varphi_{4(1)}$ gemäß Gl. (48) ermittelt. Die Kurven sind in Abb. 19 aufgetragen.

Ein Vergleich mit den genauen Lösungen des Analogrechners (die daran gewonnenen Lösungskurven sind in Abb. 19 strichpunktiert) zeigt, daß der charakteristische Verlauf der beiden Kurven gleich ist. Außerdem weichen die Maximalwerte der numerischen Näherungslösung nur etwa um 10% von den Maximalwerten ab, die der Rechner für $\lambda_3 = 0{,}6$ liefert.

Die erste Näherung kann also schon ausreichende Ergebnisse liefern. Sie sagt jedoch noch nichts über die Stabilität der Schwingung aus. Klarheit darüber gewinnt man erst, wenn das beschriebene Iterationsverfahren an digitalen Rechenautomaten durchgeführt wird, oder wenn das Problem durch ein analoges elektronisches Modell gelöst wird.

Die beiden Resonanzkurven für dieses Beispiel sind mit einem Analogrechner gewonnen worden.

Für die verschiedenen Parameter λ_3 wurden die Rechenergebnisse mit dem Koordinatenschreiber der EAI (Variplotter) aufgeschrieben. Diese Diagramme (vgl. Abb. 20) lieferten die Maximalwerte, die in den Resonanzkurven (Abb. 21 und 22) durch kleine Kreise bezeichnet sind.

Die Abb. 5 zeigt das Schaltbild des Analogrechners für dieses Beispiel.

Grundsätzlich ist es möglich, die Resonanzkurven nicht punktweise sondern kontinuierlich mit einem elektronischen Analogrechner zu gewinnen. Der Schaltungsaufwand wird dabei allerdings für diesen Fall beträchtlich. Die entsprechenden Schaltungen für rein sinusförmige Störfunktionen sind in [16] zu finden.

9. Versuchsaufbau, Vergleich zwischen Rechnung und Messung

Den beiden bisher durchgerechneten Beispielen lagen Getriebemodelle zugrunde, deren Schwingungsverhalten außerdem am Prüfstand ermittelt wurde. Die Abb. 24 und 25 zeigen die Kurbelschwinge und die Doppelkurbel. In beiden Modellen sind je zwei gleichartige Getriebe vereinigt, von denen das eine torsionsweiche An- und Abtriebswellen hat, das andere aber keinerlei Schwingungen ausführt. Zwischen den Abtriebsgliedern dieser beiden Getriebe konnte so der Winkel φ_4 gemessen werden. Da es sich um relativ große Schwingungsamplituden handelte, konnte φ_4 von einem Drehpotentiometer abgenommen werden.
Dabei wurde der tatsächliche zeitliche Schwingungsablauf in Abhängigkeit von der Drehzahl gewonnen.
Die Abb. 26a zeigt ein Oszillogramm von φ_4 der Doppelkurbel bei $\lambda_3 = 0{,}28$. Zum Vergleich mit der analogen Rechnung diene Abb. 26b. Es ist ein Plotterschrieb ebenfalls für φ_4 bei $\lambda_3 = 0{,}28$.
Von größerem Interesse als der zeitliche Schwingungsverlauf ist die Resonanzkurve. Durch eine geeignete Schaltung ist es möglich, diese sofort durch einen Koordinatenschreiber aufschreiben zu lassen. Diese Schaltung und ein Bild des Versuchsstandes ist in Abb. 27 wiedergegeben.
Ein Vergleich der gerechneten mit den gemessenen Resonanzkurven in Abb. 28 und 29 liefert eine sehr gute Übereinstimmung in der Lage der Resonanzstellen. Die Abb. 29c zum Beispiel liefert die ersten zehn Polstellen in genauer Übereinstimmung mit der Rechnung (Abb. 22). Im Bereich kleiner λ stimmen auch die gerechneten und gemessenen Amplituden gut überein. Wegen der vorhandenen Materialdämpfung sind die Meßwerte zwischen den Resonanzdrehzahlen etwas größer als die errechneten Ausschläge (in der Rechnung wurde die Dämpfung vernachlässigt). Aus dem gleichen Grunde nehmen die Resonanz-Schwingungsausschläge endliche Werte an.
Im Bereich größerer λ besitzt die Messung nur noch qualitativen Charakter, da dort schon plastische Verformung der Torsionsstäbe vorliegt.
Bei der Aufnahme der Resonanzkurven am Prüfstand wurde der ganze Drehzahlbereich sehr langsam durchfahren, so daß sich für jede Drehzahl der stationäre Schwingungszustand einstellen konnte. Die Verhältnisse bei Anfahrvorgängen [10] von schwingungsfähigen Gelenkmechanismen soll an anderer Stelle untersucht werden.

Prof. Dr.-Ing. Walther Meyer zur Capellen
Dipl.-Ing. Heinz Houben

10. Literaturverzeichnis

[1] Meyer zur Capellen, W., Belastungen und Schwingungen in Kurbeltrieben durch Massenkräfte. Konstruktion 12 (1960), Nr. 1, S. 17–19.

[2] Ders., Biegungs- und Lagerschwingungen in Kurbeltrieben. Forschungsbericht des Landes Nordrhein-Westfalen Nr. 1015 (1962).

[3] Ders., Flexural and Bearing Vibrations in Crank Mechanisms Transactions of the 7. Conference on Mechanisms, Purdue University, October 8–10, 1962, Sonderheft Machine Design (1962), S. 161–167.

[4] Ders., Biegungs- und Lagerschwingungen in Kurbeltrieben. Antriebstechnik 2 (1963), Nr. 3, S. 81–85.

[5] Ders., Die Energieverteilung in Kurbeltrieben. Z. Feinwerktechnik 64 (1960), Nr. 6, S. 195–199.

[6] Ders., Zeichnerisch-rechnerische Ermittlung von Massenkräften in Kurbeltrieben. Konstruktion 14 (1962), Nr. 6, S. 227–233.

[7] Ders., Belastungen einer Kurbelschleife durch Massenkräfte. TM 55 (1962), Nr. 7, S. 293–298.

[8] Ders., und B. Janssen, Kraftübertragung bei ebenen Kurventrieben mit geradgeführtem Abtrieb. Die Antriebstechnik 1 (1962), Nr. 1, S. 8–13; 1 (1962), Nr. 2, S. 75–81.

[9] Ders., Die Bewegung periodischer Getriebe unter Einfluß von Kraft- und Massenwirkungen. Ind.-Anzeiger Bd. 86, (1964), Heft 9, S. 135-140, Heft 17, S. 283-289

[10] Ders., und H. Houben, Untersuchungen über elastische Schwingungen in periodischen Getrieben. Forschungsbericht des Landes Nordrhein-Westfalen, Nr. 1394 (1964).

[11] Ders., Biegungsschwingungen in der Koppel einer Kurbelschwinge. Österr. Ing.-Arch. 16 (1962), Nr. 4, S. 341–348.

[12] Hübner, E., Technische Schwingungslehre. Springer-Verlag, Berlin, Göttingen, Heidelberg 1957.

[13] Weigand, A., Einführung in die Berechnung mechanischer Schwingungen, Bd. 1, S. 69/70; Bd. 2, S. 40ff. VEB Verlag Technik Berlin 1958.

[14] Kotowski, G., Lösungen der inhomogenen Mathieuschen Differentialgleichung mit periodischer Störfunktion beliebiger Frequenz (mit besonderer Berücksichtigung der Resonanzlösungen). ZAMM 23 (1943), S. 213–229.

[15] Meixner, J., und F. W. Schäfke, Mathieusche und Sphäroidfunktionen. Springer 1954, insbes. S. 107ff.

[16] Giloi, W., und R. Herschel, Rechenanleitung für Analogrechner. Telefunken-Fachbuch.

[17] Giloi, W., und R. Lauber, Analogrechner. Springer-Verlag, Berlin, Göttingen, Heidelberg 1963.

[18] Ameling, W., Aufbau und Wirkungsweise elektronischer Analogrechner. Vieweg u. Sohn, Braunschweig 1963.

[19] Jackson, A. S., Analog Computation. McGraw-Hill-Book Company, New York 1960.

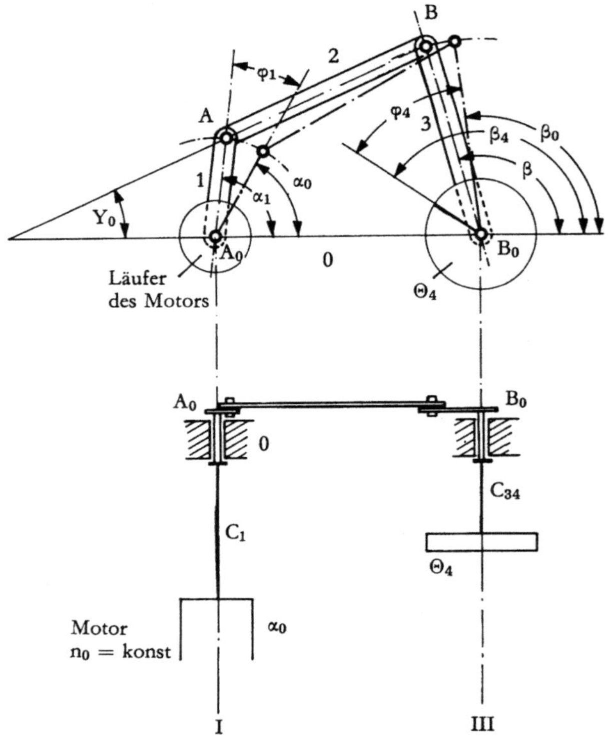

Abb. 1 Bezeichnungen

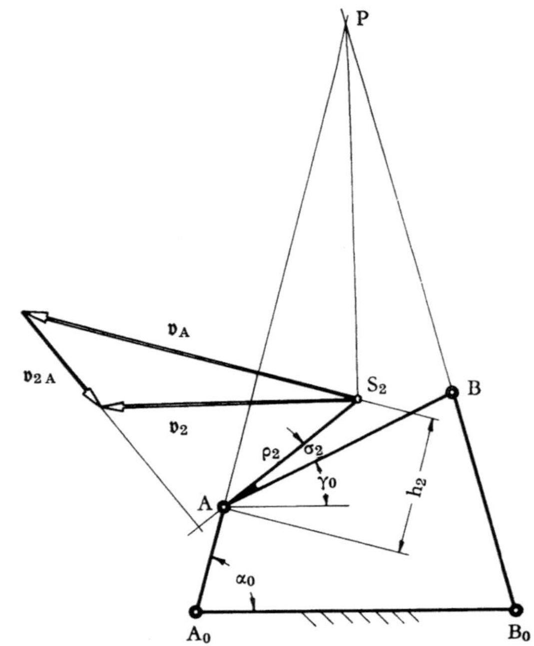

Abb. 2 Bezeichnungen an Glied 2

Bezeichnung	Symbol	Schaltung	Mathem. Formulierung
Potentiometer	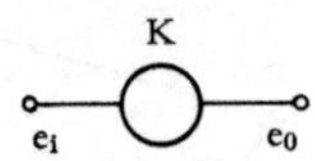	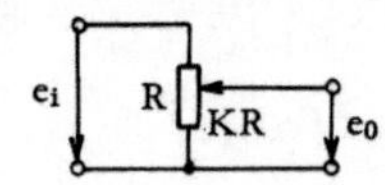	$e_0 = K \cdot e_i$ $0 < K < 1$
Hochverstärkender Gleichspannungs-verstärker	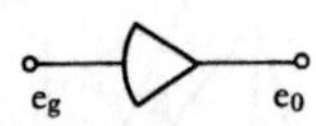		$e_0 = V \cdot e_g$ $V \gg 10^4$
Koeffizienten-verstärker	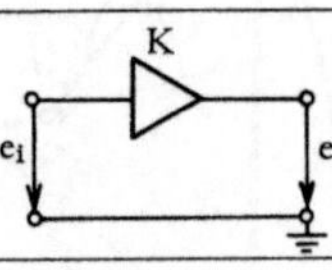	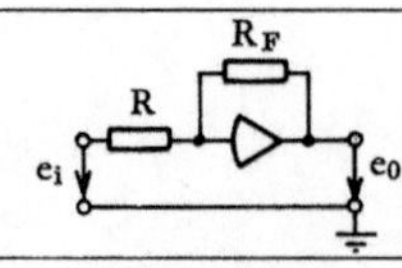	$e_0 = -K \cdot e_i$ $0 < K = \frac{R_F}{R}$
Vorzeichen-umkehrer	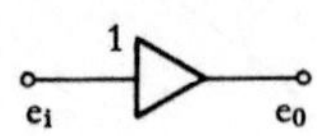	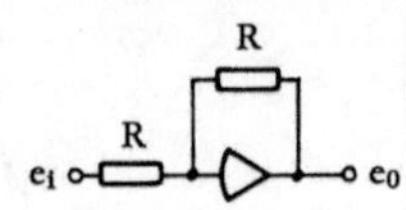	$e_0 = -e_i$
Summierer	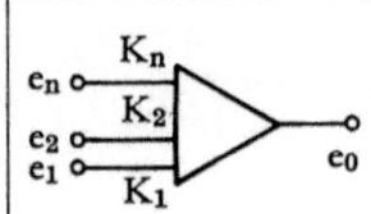	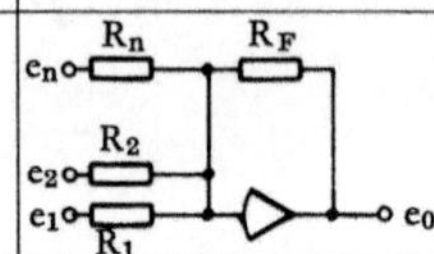	$e_0 = -\Sigma K_m \cdot e_m$ $0 < K_m = \frac{R_F}{R_m}$
Einfacher Integrator	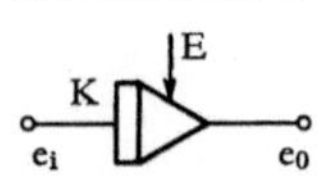	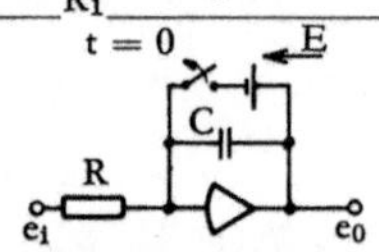	$e_0 = -K\int_0^t e_i dt + E$ $e_0(t = 0) = E; 0 < K = \frac{1}{RC}$
Verallgemeinerter Integrator	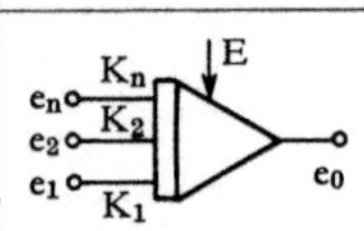	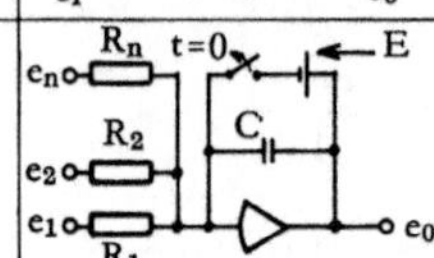	$e = -\int_0^t \sum_{m=1}^{n} e_m \cdot K_m \cdot dt + E$ $e_{0(t=0)} = E;\ 0 < K_m = \frac{1}{R_m C}$
Multiplizierer	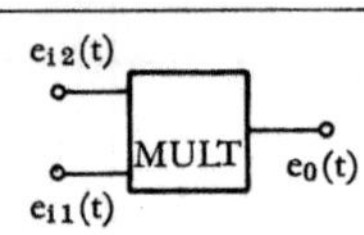	Mehrere Möglichkeiten rein elektronisch elektromechanisch	$e_{0(t)} = M \cdot e_{i1(t)} \cdot e_{i2(t)}$ mit z. B. $M = 10^{-1}\,V^{-1}$
Sichtgerät	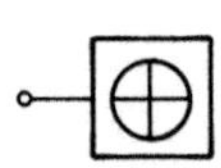		

Abb. 3 Symbole der Recheneinheiten

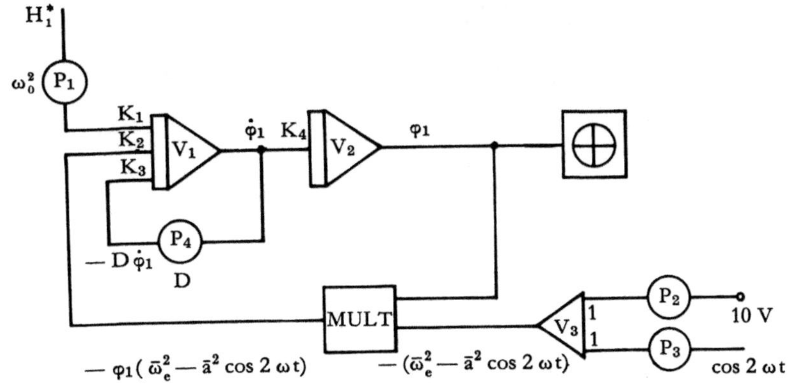

Abb. 4 Rechenschaltbild zur Lösung der inhomogenen MATHIEUschen Differentialgleichung (ohne Skalierung)

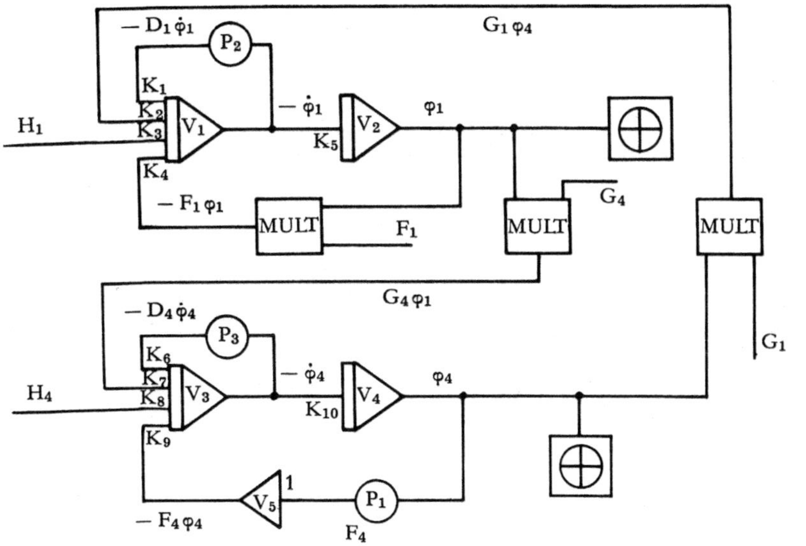

Abb. 5 Schaltplan des allgemeinen Gleichungssystems (ohne Skalierung)

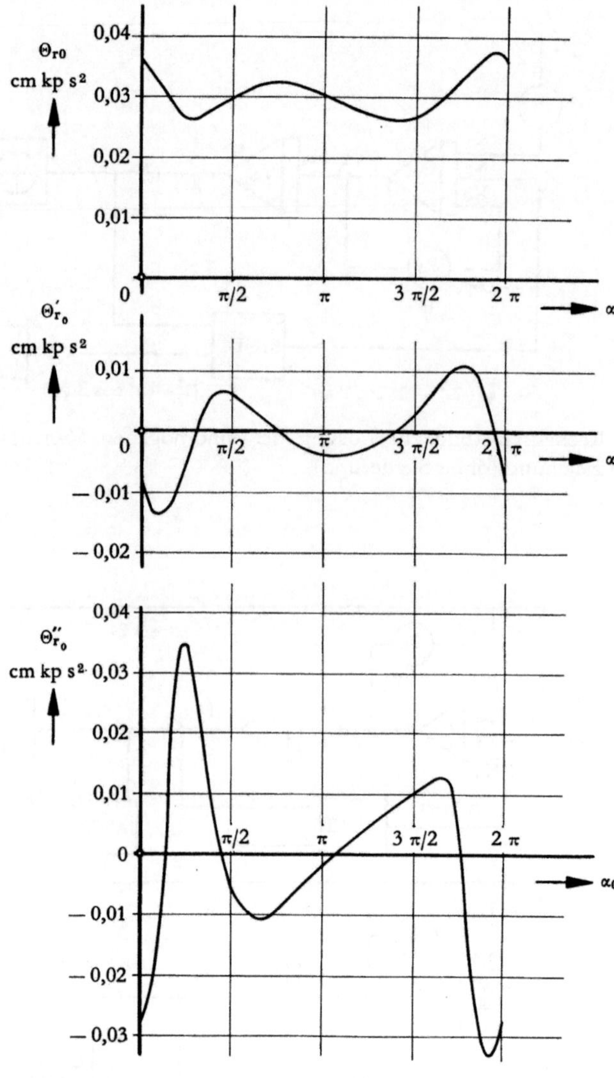

Abb. 6 Massenträgheitsmoment Θ_{r0} der Kurbelschwinge und seine Ableitungen Θ'_{r0}, Θ''_{r0}

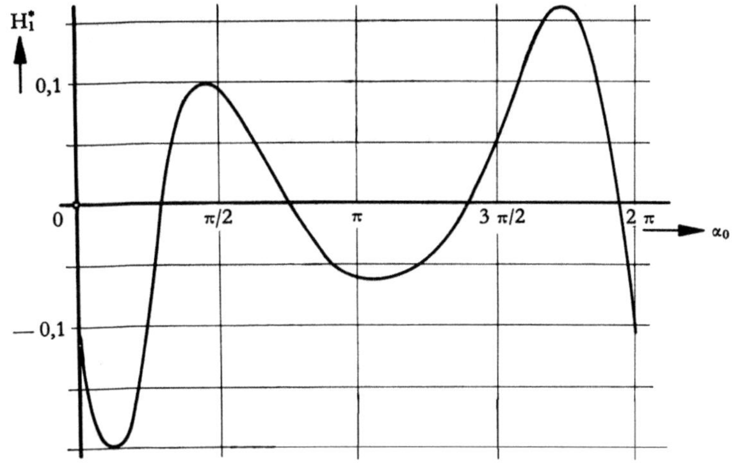

Abb. 7 Sonderfall 2: Störfunktion H_1

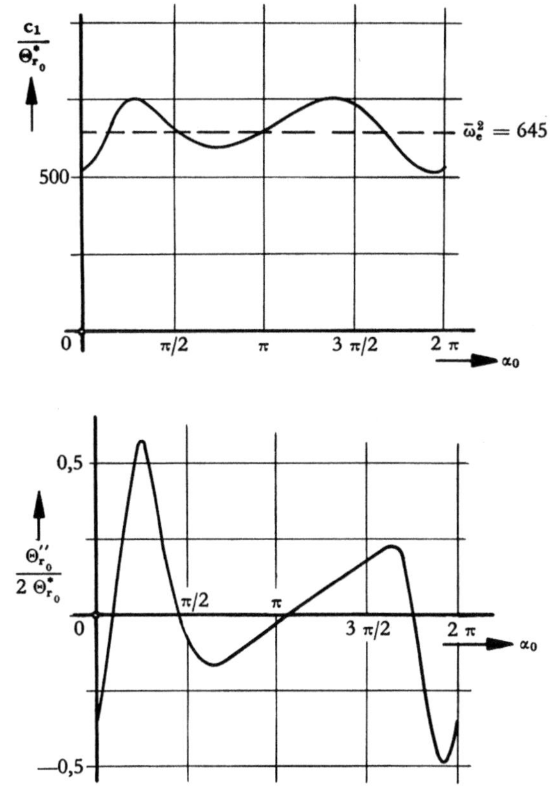

Abb. 8 Periodischer Koeffizient F_1^*

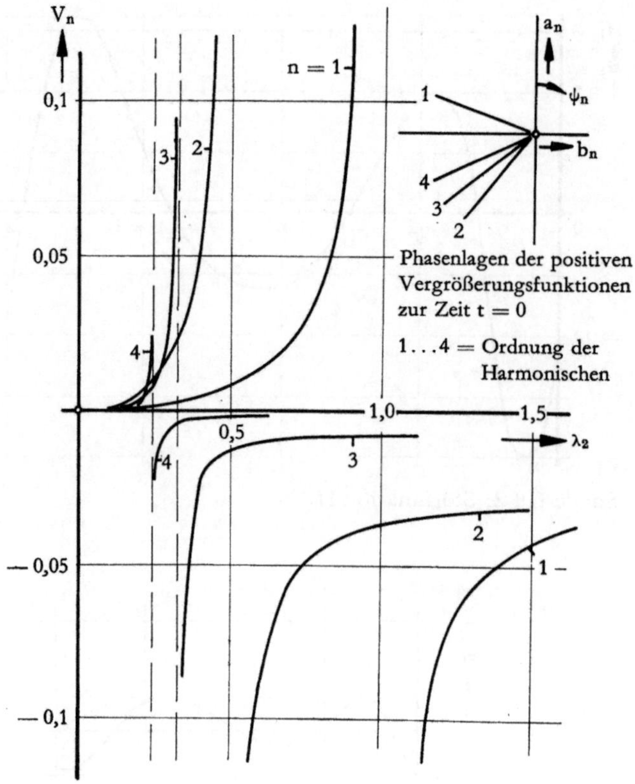

Abb. 9 Sonderfall 2: Vergrößerungsfunktionen

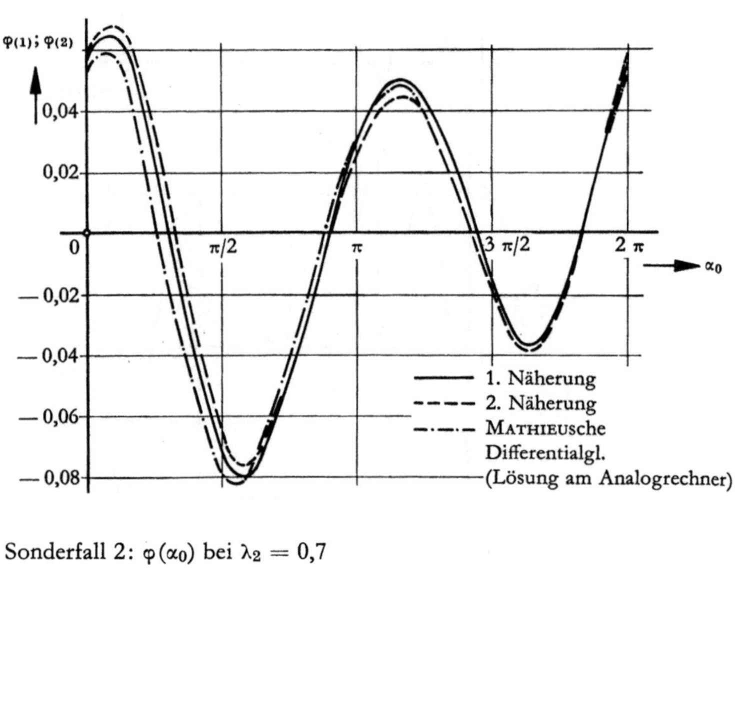

Abb. 10 Sonderfall 2: $\varphi(\alpha_0)$ bei $\lambda_2 = 0,7$

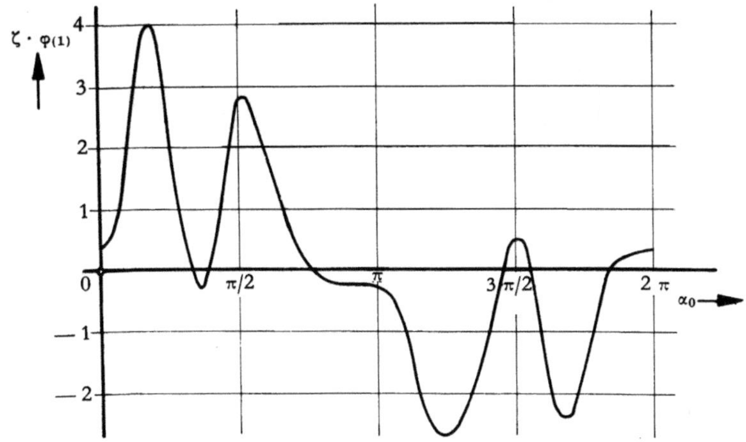

Abb. 11 Sonderfall 2: Korrekturglied $\zeta \cdot \varphi_{(1)}$ bei $\lambda_2 = 0,7$

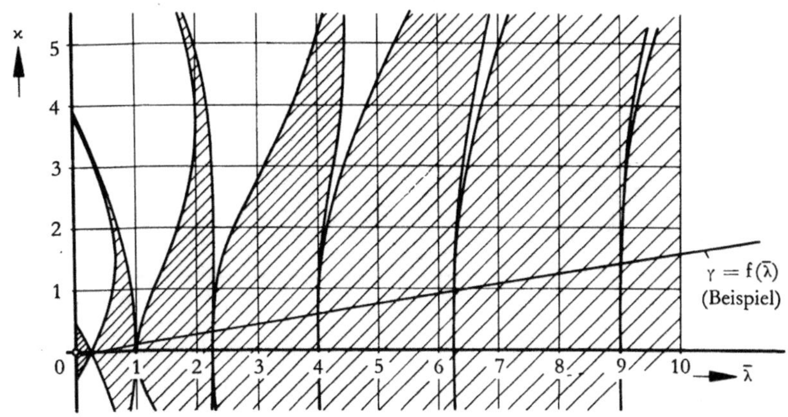

Abb. 12 INCE-STRUTTsche Karte

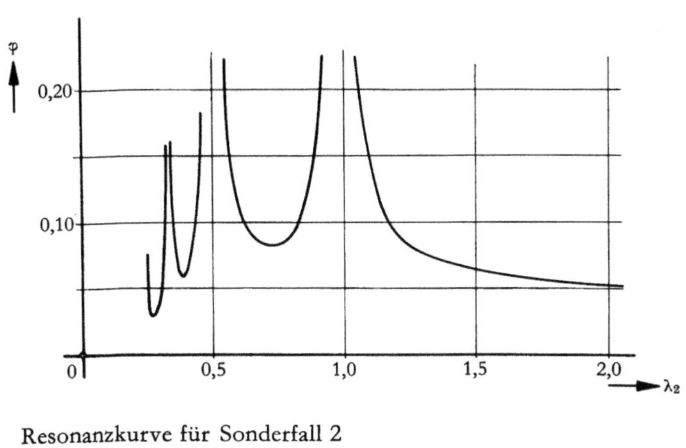

Abb. 13 Resonanzkurve für Sonderfall 2

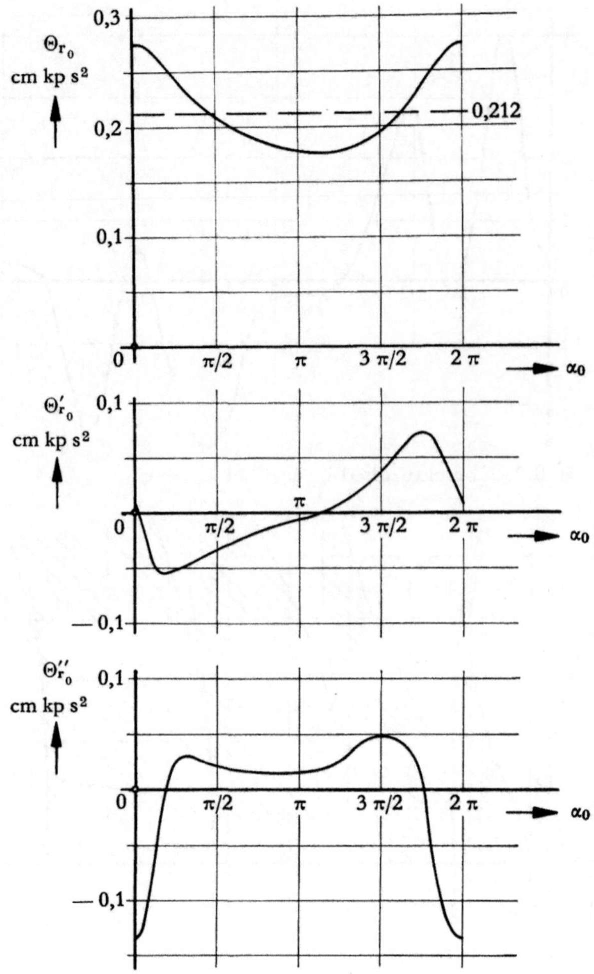

Abb. 14 Massenträgheitsmoment Θ_{r0} der Doppelkurbel und seine Ableitungen Θ'_{r0}, Θ''_{r0}

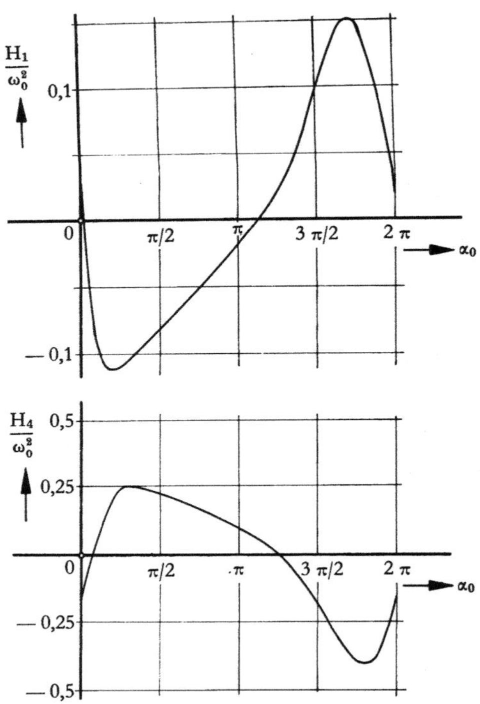

Abb. 15 Doppelkurbel, Störfunktionen H_1, H_4

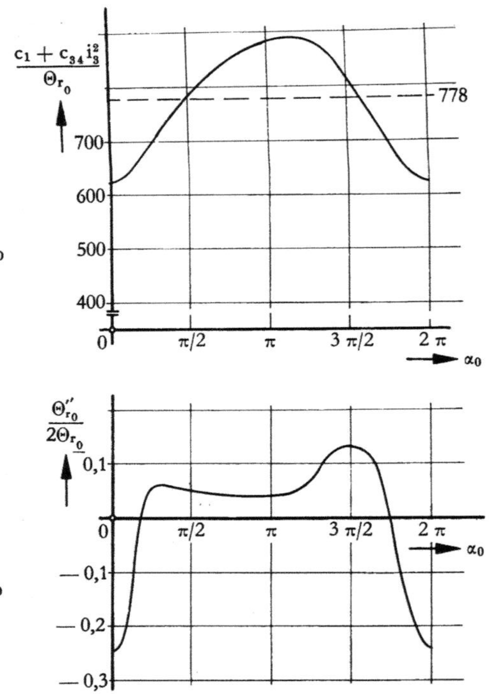

Abb. 16 Doppelkurbel, periodischer Koeffizient F_1

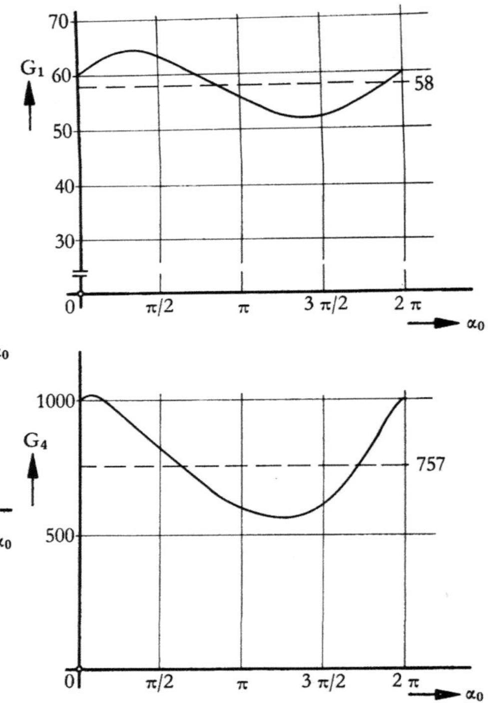

Abb. 17 Doppelkurbel, periodische Koeffizienten G_1, G_4

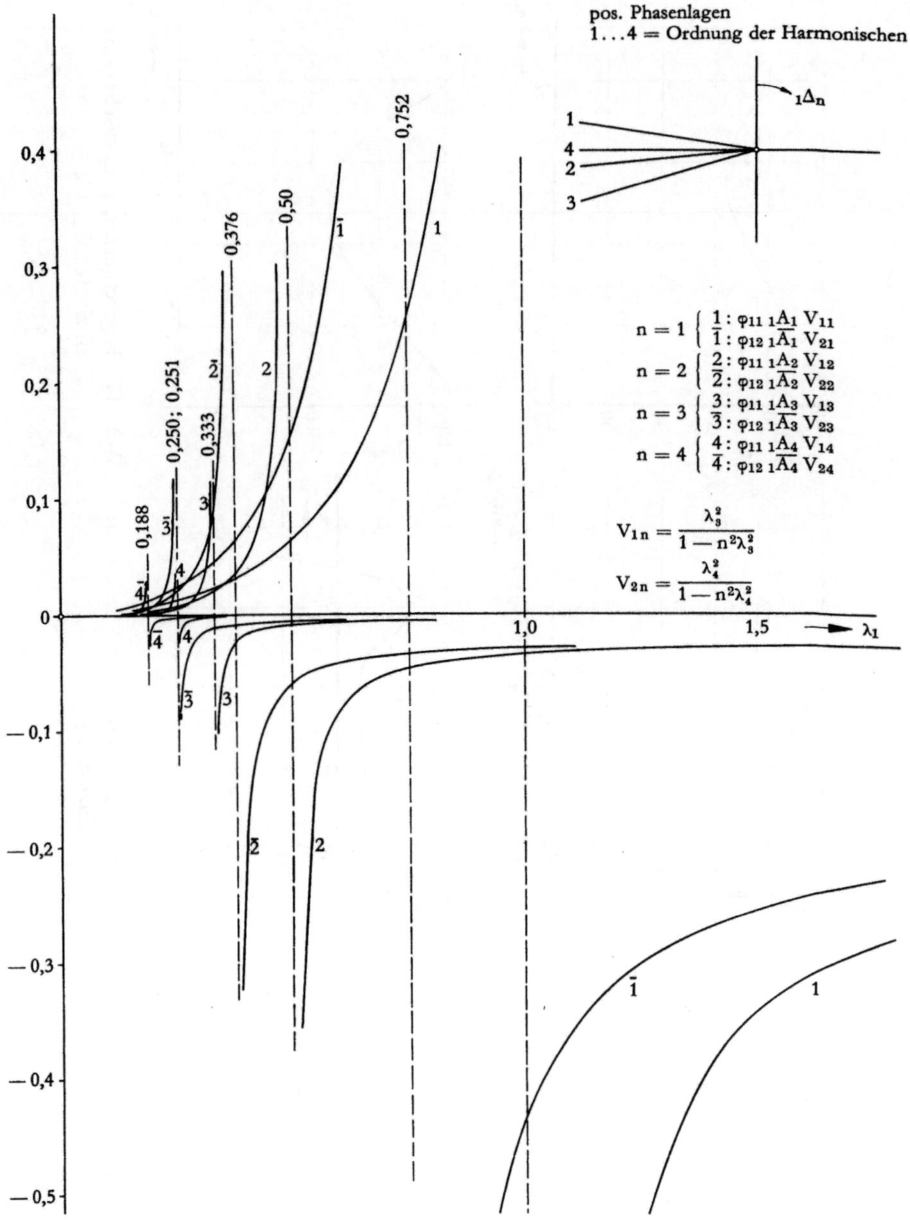
pos. Phasenlagen
1...4 = Ordnung der Harmonischen
$_1\Delta_n$
$n = 1 \begin{cases} 1: \varphi_{11}\ {}_1A_1\ V_{11} \\ \bar{1}: \varphi_{12}\ {}_1\bar{A}_1\ V_{21} \end{cases}$
$n = 2 \begin{cases} 2: \varphi_{11}\ {}_1A_2\ V_{12} \\ \bar{2}: \varphi_{12}\ {}_1\bar{A}_2\ V_{22} \end{cases}$
$n = 3 \begin{cases} 3: \varphi_{11}\ {}_1A_3\ V_{13} \\ \bar{3}: \varphi_{12}\ {}_1\bar{A}_3\ V_{23} \end{cases}$
$n = 4 \begin{cases} 4: \varphi_{11}\ {}_1A_4\ V_{14} \\ \bar{4}: \varphi_{12}\ {}_1\bar{A}_4\ V_{24} \end{cases}$
$V_{1n} = \frac{\lambda_3^2}{1 - n^2\lambda_3^2}$
$V_{2n} = \frac{\lambda_4^2}{1 - n^2\lambda_4^2}$
0,188
0,250; 0,251
0,333
0,376
0,50
0,752
1,0
1,5
λ_1
0,4
0,3
0,2
0,1
0
— 0,1
— 0,2
— 0,3
— 0,4
— 0,5

Abb. 18a

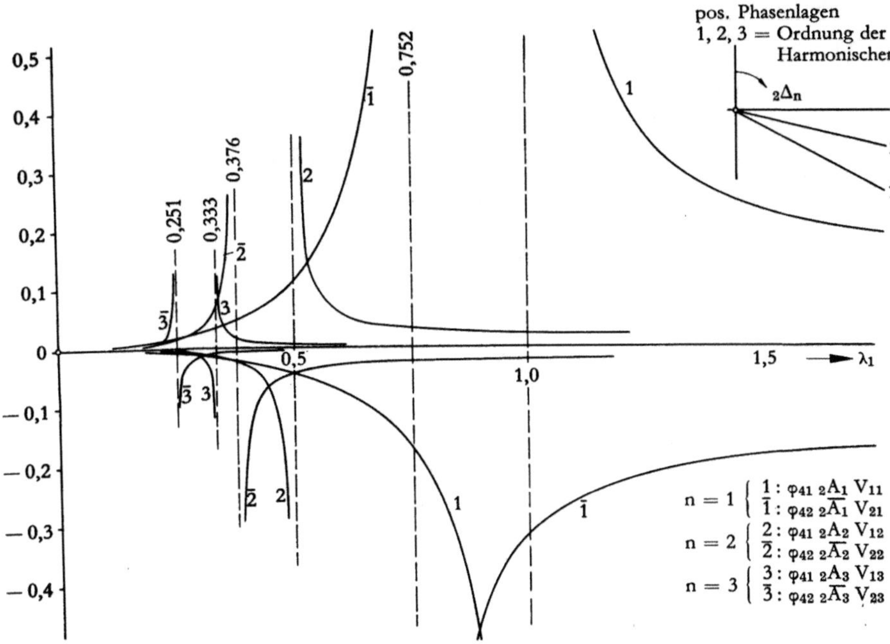

Abb. 18 b

Abb. 18 Doppelkurbel, Vergrößerungsfunktionen der reduzierten Winkel ψ_1 und ψ_2

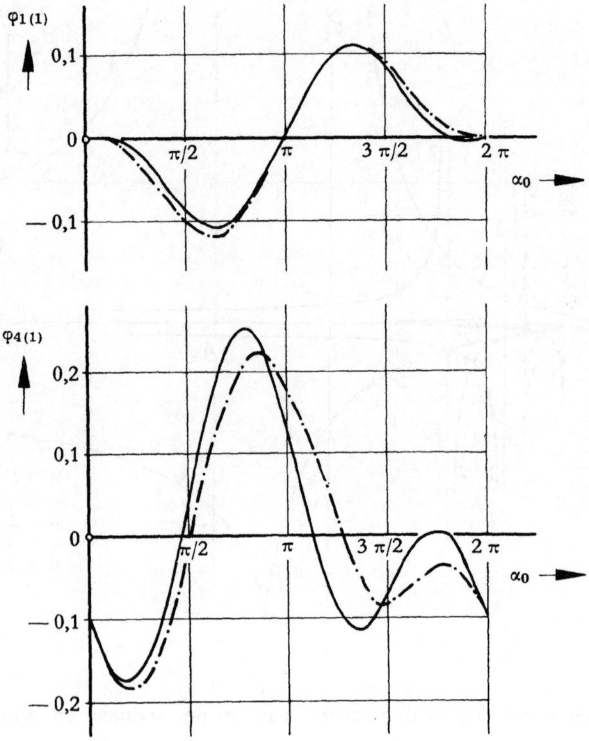

Abb. 19 Lösungen für die Doppelkurbel bei $\lambda_3 = 0{,}6$

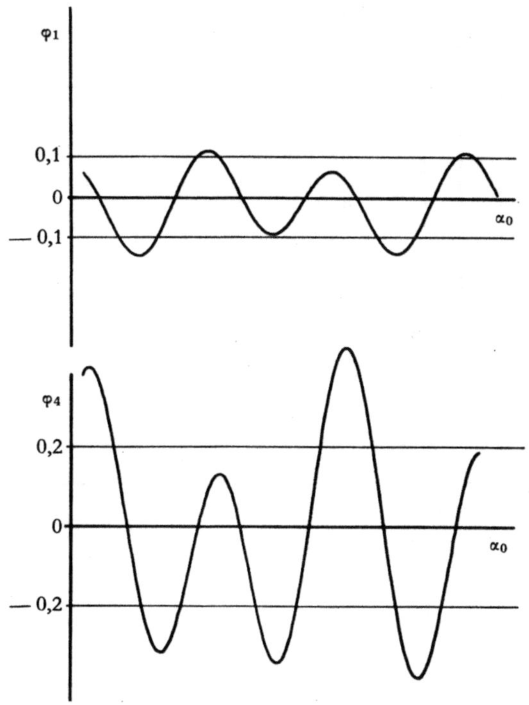

Abb. 20 Variplotterschrieb für φ_1 und φ_4 bei $\lambda_3 = 0{,}53$

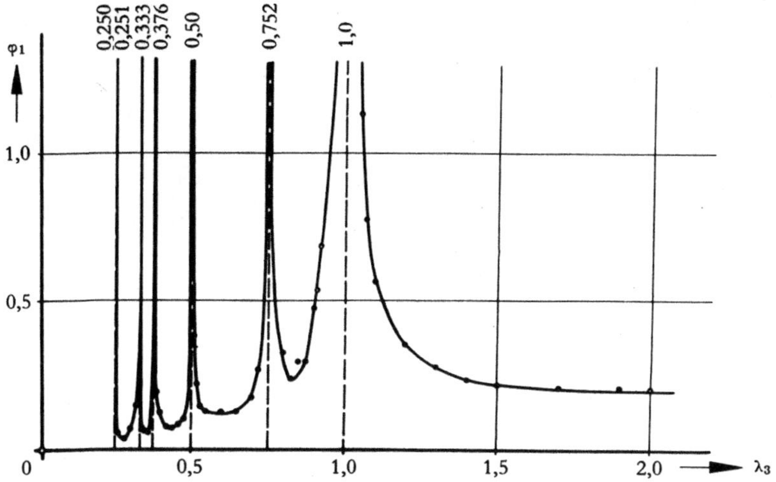

Abb. 21 Resonanzkurven der Doppelkurbel

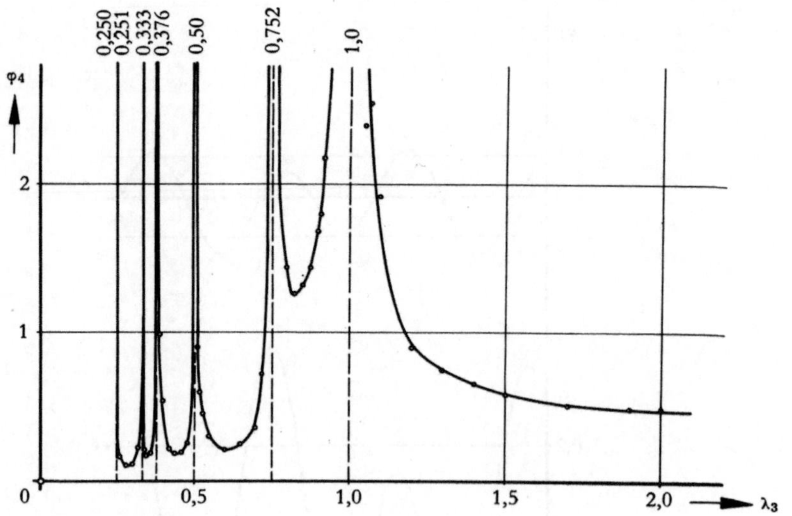

Abb. 22 Resonanzkurven der Doppelkurbel

Abb. 23 Analogrechner PACE TR 10 mit Schreibgerät und Oszillograph

Abb. 24 Kurbelschwinge mit torsionselastischem An- und Abtrieb, Vergleichungsgetriebe und Meßpotentiometer

Abb. 25 Doppelkurbel mit torsionselastischem An- und Abtrieb, Vergleichsgetriebe und Meßpotentiometer

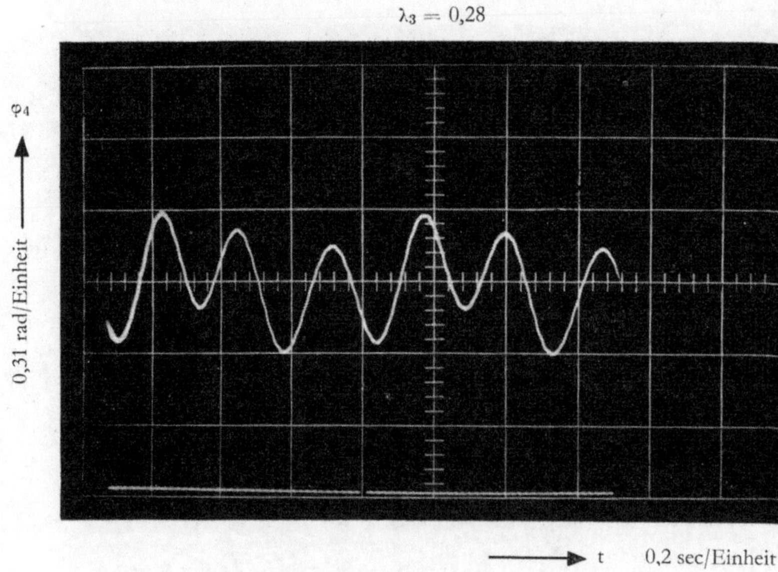

Abb. 26a Oszillogramm einer Schwingung

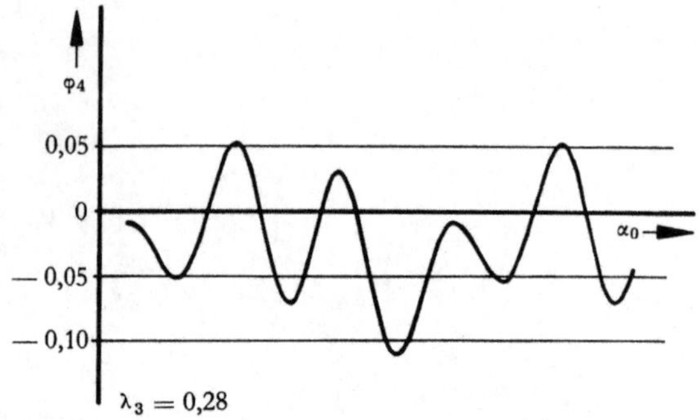

Abb. 26b Plotterschrieb einer Schwingung

Abb. 27a Versuchsaufbau

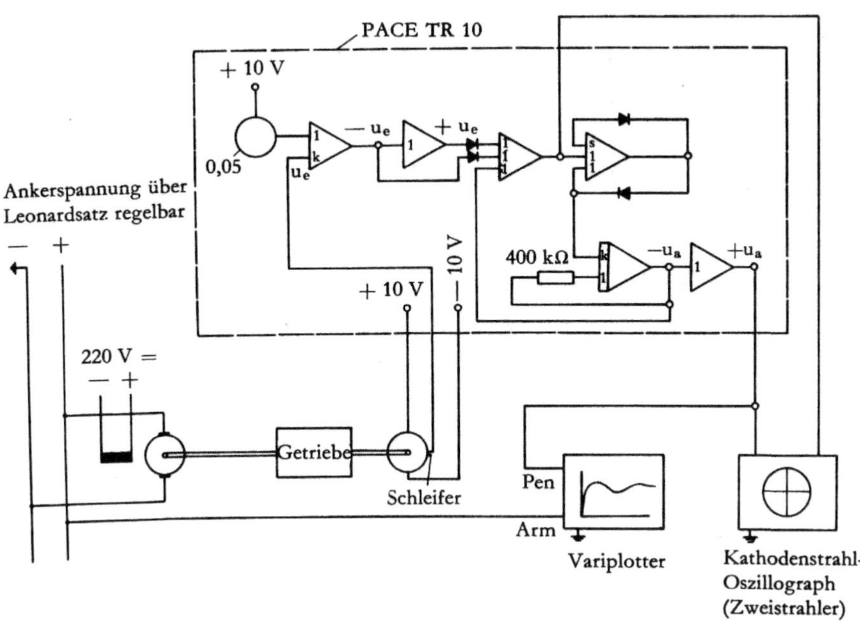

Abb. 27b Schaltplan des Torsionsschwingungsprüfstandes

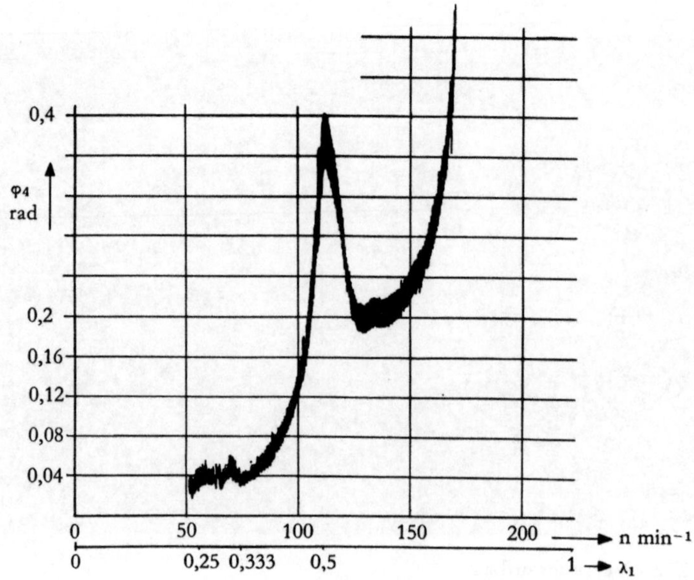

Abb. 28a Torsion nur im Abtrieb einer Kurbelschwinge

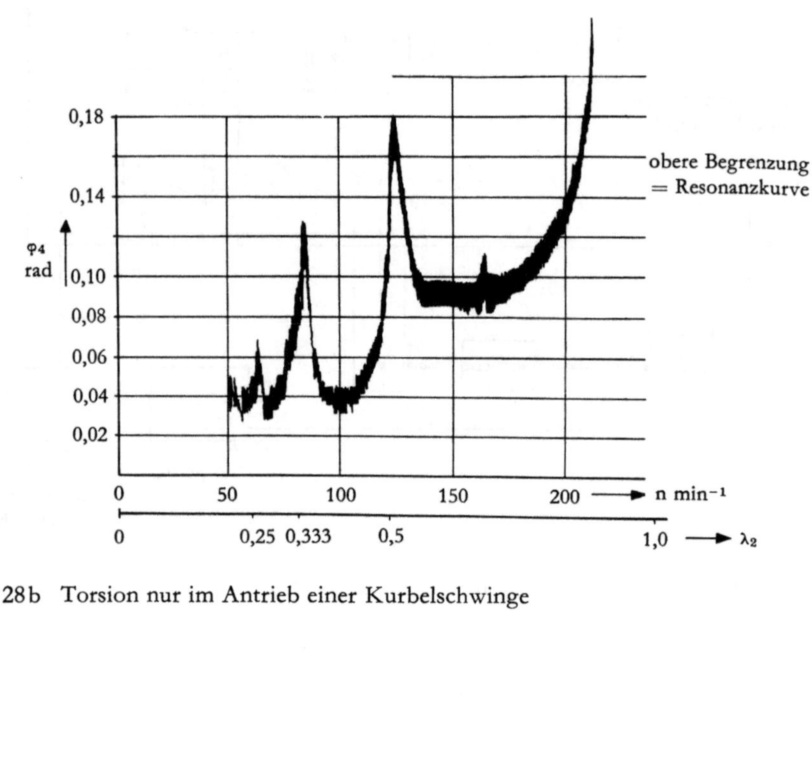

Abb. 28b Torsion nur im Antrieb einer Kurbelschwinge

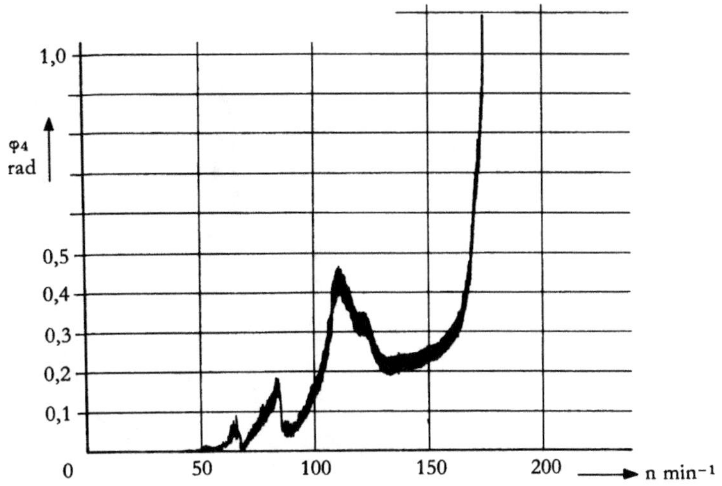

Abb. 28c Resonanzkurve bei Torsion in An- und Abtrieb einer Kurbelschwinge

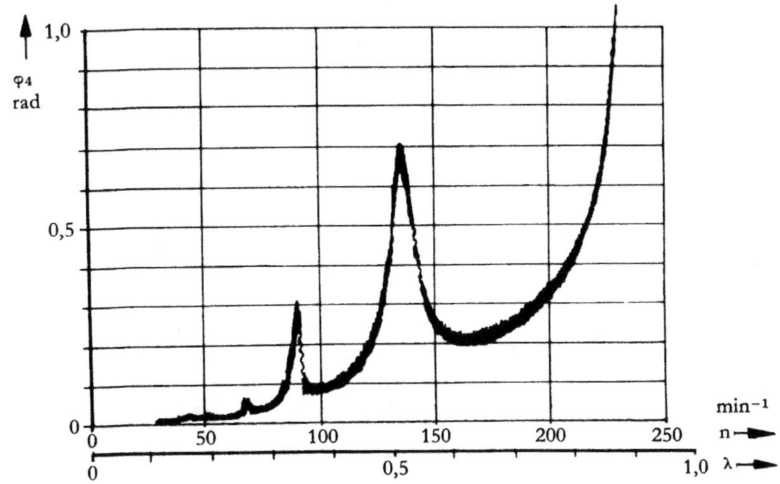

Abb. 29a Doppelkurbel: Torsion nur im Abtrieb

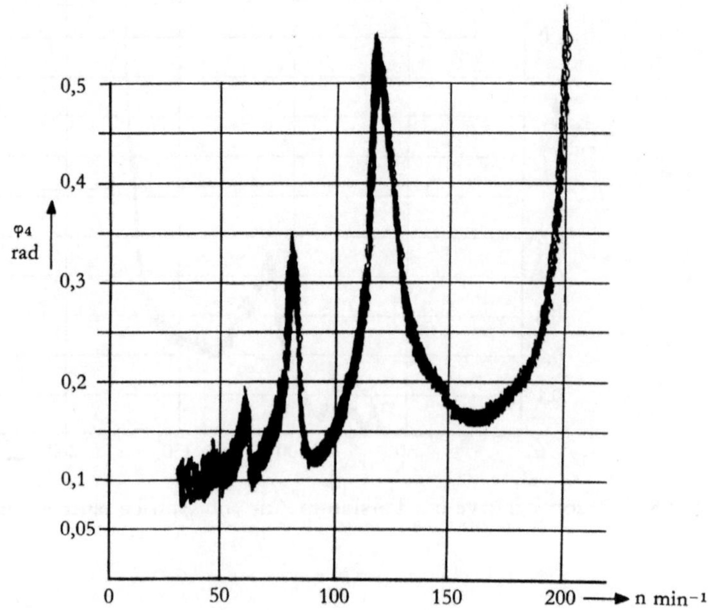

Abb. 29 b Doppelkurbel: Torsion nur im A: ˙eb

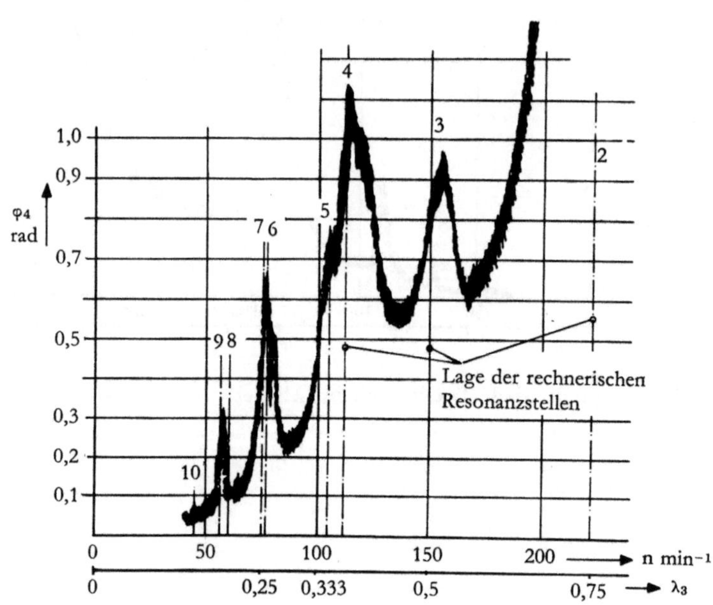

Abb. 29 c Doppelkurbel: Torsion in An- und Abtrieb

FORSCHUNGSBERICHTE DES LANDES NORDRHEIN-WESTFALEN

Herausgegeben im Auftrage des Ministerpräsidenten Dr. Franz Meyers von Staatssekretär Prof. Dr. h. c. Dr.-Ing. E. h. Leo Brandt

MASCHINENBAU

HEFT 45
Losenhausenwerk Düsseldorfer Maschinenbau AG, Düsseldorf
Untersuchungen von störenden Einflüssen auf die Lastgrenzenanzeige von Dauerschwingprüfmaschinen
1953. 24 Seiten, 11 Abb., 3 Tabellen. DM 7,25

HEFT 100
Prof. Dr.-Ing. Herwart Opitz, Aachen
Untersuchungen von elektrischen Antrieben, Steuerungen und Regelungen an Werkzeugmaschinen
1955. 151 Seiten, 71 Abb., 3 Tabellen. DM 31,30

HEFT 136
Dipl.-Phys. P. Pilz, Remscheid
Über spezielle Probleme der Zerkleinerungstechnik von Weichstoffen
1955. 41 Seiten, 19 Abb., 2 Tabellen. DM 11,50

HEFT 147
Dr.-Ing. W. Rudisch, Unna
Untersuchung einer drehelastischen Elektromagnet-Synchronkupplung
1955. 69 Seiten, 65 Abb. DM 17,70

HEFT 183
Dr. phil. rer nat. W. Bornheim, Köln
Entwicklungsarbeiten an Flaschen- und Ampullen-Behandlungsmaschinen für die pharmazeutische Industrie
1956. 38 Seiten, 24 Abb. DM 11,70

HEFT 212
Dipl.-Ing. Heinrich Spodig, Chemapern GmbH, Selm
Untersuchung zur Anwendung der Dauermagnete in der Technik
1955. 37 Seiten, 25 Abb. DM 9,80

HEFT 295
Prof. Dr.-Ing. Herwart Opitz und Dipl.-Ing Heinrich Axer, Laboratorium für Werkzeugmaschinen und Betriebslehre der Rhein.-Westf. Technischen Hochschule Aachen
Untersuchung und Weiterentwicklung neuartiger elektrischer Bearbeitungsverfahren
1956. 31 Seiten, 27 Abb. DM 10,30

HEFT 298
Baurat i. R. Prof. Dr.-Ing. Ernst Oehler, Aachen
Untersuchung von kritischen Drehzahlen, die durch Kreiselmomente verursacht werden
1956. 41 Seiten, 35 Abb. DM 13,15

HEFT 384
Prof. Dr.-Ing. Herwart Opitz, Dr.-Ing. Rolf Piekenbrink und Dipl.-Ing. Wolfgang Hölken, Aachen
Schwingungsuntersuchungen an Werkzeugmaschinen
1958. 66 Seiten, 73 Abb. DM 20,40

HEFT 412
Prof. Dr.-Ing. Herwart Opitz, Prof. Dr.-Ing. Volker Aschoff, Dr.-Ing. Hermann Stute und Dipl.-Ing. Gottfried Stute, Rhein.-Westf. Technische Hochschule Aachen
Kennwerte und Leistungsbedarf für Werkzeugmaschinengetriebe
1958. 57 Seiten, 35 Abb. DM 17,20

HEFT 506
Oberbaurat Prof. Dr.-Ing. Walther Meyer zur Capellen, Aachen
Der Flächeninhalt von Koppelkurven. Ein Beitrag zu ihrem Formenwandel
1958. 74 Seiten, 26 Abb. DM 21,50

HEFT 533
Prof. Dr.-Ing. Herwart Opitz und Dipl.-Ing. Wolfgang Hölken, Laboratorium für Werkzeugmaschinen und Betriebslehre der Rhein.-Westf. Technischen Hochschule Aachen
Untersuchung von Ratterschwingungen an Drehbänken
1958. 69 Seiten, 44 Abb., 2 Tabellen. DM 19,70

HEFT 606

Oberbaurat Prof. Dr.-Ing. Walther Meyer zur Capellen, Aachen

Eine Getriebegruppe mit stationärem Geschwindigkeitsverlauf

1958. 33 Seiten, 21 Abb. DM 10,50

HEFT 631

Dr. Erich Wedekind, Krefeld

Der Einfluß der Automatisierung auf die Struktur der Maschinen- und Arbeiterzeiten am mehrstelligen Arbeitsplatz in der Textilindustrie

1958. 71 Seiten, 32 Abb., 8 Tabellen. DM 21,10

HEFT 667

Prof. Dr.-Ing. Herwart Opitz und Dipl.-Ing. Herbert de Jong, Laboratorium für Werkzeugmaschinen und Betriebslehre der Rhein.-Westf. Technischen Hochschule Aachen

Schwingungs- und Geräuschuntersuchung an ortsfesten Getrieben

1959. 32 Seiten, 28 Abb., 2 Tabellen. DM 10,30

HEFT 668

Prof. Dr.-Ing. Herwart Opitz, Dipl.-Ing. Günter Ostermann und Dipl.-Ing. Max Gappisch, Laboratorium für Werkzeugmaschinen und Betriebslehre der Rhein.-Westf. Technischen Hochschule Aachen

Beobachtungen über den Verschleiß an Hartmetallwerkzeugen

1958. 38 Seiten, 26 Abb. DM 12,—

HEFT 669

Prof. Dr.-Ing. Herwart Opitz, Dipl.-Ing. Hans Uhrmeister und Dipl.-Ing. Klaus Jüstel, Laboratorium für Werkzeugmaschinen und Betriebslehre der Rhein.-Westf. Technischen Hochschule Aachen

Aufbau und Wirkungsweise einer Magnetbandsteuerung

1958. 50 Seiten, 39 Abb. DM 15,—

HEFT 670

Prof. Dr.-Ing. Herwart Opitz und Dipl.-Ing. Wolfgang Backé, Laboratorium für Werkzeugmaschinen und Betriebslehre der Rhein.-Westf. Technischen Hochschule Aachen

Untersuchung von Kopiersteuerungen

1959. 69 Seiten, 54 Abb. DM 18,80

HEFT 671

Prof. Dr.-Ing. Herwart Opitz, Dr.-Ing. Rolf Piekenbrink und Dipl.-Ing. Kurt Honrath, Laboratorium für Werkzeugmaschinen und Betriebslehre der Rhein.-Westf. Technischen Hochschule Aachen

Untersuchungen an Werkzeugmaschinenelementen

1959. 69 Seiten, 71 Abb. DM 20,—

HEFT 672

Prof. Dr.-Ing. Herwart Opitz, Dipl.-Ing. Heinrich Heiermann und Dipl.-Ing. Bernhard Rupprecht, Laboratorium für Werkzeugmaschinen und Betriebslehre der Rhein.-Westf. Technischen Hochschule Aachen

Untersuchungen beim Innenrundschleifen

1959. 34 Seiten, 50 Abb. DM 11,50

HEFT 673

Prof. Dr.-Ing. Herwart Opitz, Dipl.-Ing. Hans Obrig und Dipl.-Ing. Karlheinz Ganser, Laboratorium für Werkzeugmaschinen und Betriebslehre der Rhein.-Westf. Technischen Hochschule Aachen

Die Bearbeitung von Werkzeugstoffen durch funkenerosives Senken

1959. 59 Seiten, 41 Abb., 1 Tabelle. DM 18,—

HEFT 676

Prof. Dr.-Ing. Walther Meyer zur Capellen, Aachen

Harmonische Analyse bei Kurbeltrieben.

I. Allgemeine Zusammenhänge

1959. 38 Seiten, 10 Abb. DM 11,50

HEFT 695

Dr.-Ing. Walter Herding, München

Die Fahrdynamik und das Arbeitsspiel gleisloser Erdbaugeräte als Kalkulationsgrundlage für die Bodenförderung und ihre Kosten

1960. 178 Seiten, 89 Abb., 18 Tabellen. DM 49,—

HEFT 718

Prof. Dr.-Ing. Walther Meyer zur Capellen, Lehrstuhl für Getriebelehre der Rhein.-Westf. Technischen Hochschule Aachen

Die geschränkte Kurbelschleife

I. Die Bewegungsverhältnisse

1959. 109 Seiten, 54 Abb. DM 29,20

HEFT 764

Prof. Dr.-Ing. Herwart Opitz, Dr.-Ing. Henning Siebel und Dipl.-Ing. Reinhard Fleck, Laboratorium für Werkzeugmaschinen und Betriebslehre der Rhein.-Westf. Technischen Hochschule Aachen

Keramische Schneidstoffe

1959. 30 Seiten, 18 Abb. DM 9,80

HEFT 772

Prof. Dr.-Ing. Walther Meyer zur Capellen, Lehrstuhl für Getriebelehre der Rhein.-Westf. Technischen Hochschule Aachen

Nomogramme zur geneigten Sinuslinie

1959. 27 Seiten, 11 Abb. DM 8,50

HEFT 775

Prof. Dr.-Ing. Herwart Opitz und Dr.-Ing. Janez Peklenik, Laboratorium für Werkzeugmaschinen und Betriebslehre der Rhein.-Westf. Technischen Hochschule Aachen

Über den Aufbau und das Verhalten meßgesteuerter Werkzeugmaschinen

1959. 37 Seiten, 27 Abb. DM 11,40

HEFT 777

Prof. Dr.-Ing. Herwart Opitz und Dipl.-Ing. Paul-Heinz Brammertz, Laboratorium für Werkzeugmaschinen und Betriebslehre der Rhein.-Westf. Technischen Hochschule Aachen

Werkstückgüte und Fertigkeitskosten beim Innen-Feindrehen und Außenrund-Einstechschleifen

1959. 91 Seiten, 68 Abb. DM 25,30

HEFT 788
Prof. Dr.-Ing. Herwart Opitz, Laboratorium für Werkzeugmaschinen und Betriebslehre der Rhein.-Westf. Technischen Hochschule Aachen
Der Einsatz radioaktiver Isotope bei Zerspanungsuntersuchungen
1959. 35 Seiten, 23 Abb. DM 11,30

HEFT 794
Dipl.-Ing. Reinhard Wilken, Forschungsstelle Blechverarbeitung am Institut für Werkzeugmaschinen und Umformtechnik der Technischen Hochschule Hannover
Das Biegen von Innenborden mit Stempeln
1959. 80 Seiten. DM 22,40

HEFT 801
Baurat Dipl.-Ing. Waldemar Gesell, Staatliche Ingenieurschule für Maschinenwesen, Duisburg
Ersatz von Quarzsand als Strahlmittel
1960. 66 Seiten, 12 Abb., 4 Tabellen, 17 Diagramme. DM 18,90

HEFT 803
Prof. Dr.-Ing. Walther Meyer zur Capellen und Dipl.-Ing. Erich Lenk, Lehrstuhl für Getriebelehre der Rhein.-Westf. Technischen Hochschule Aachen
Harmonische Analyse bei Kurbeltrieben II. Gleichschenklige Getriebe
1960. 69 Seiten, 15 Abb. DM 18,40

HEFT 804
Prof. Dr.-Ing. Walther Meyer zur Capellen und Dipl.-Ing. Walter Rath, Lehrstuhl für Getriebelehre der Rhein.-Westf. Technischen Hochschule Aachen
Die geschränkte Kurbelschleife II. Die Harmonische Analyse
1960. 66 Seiten, 14 Abb. DM 18,90

HEFT 806
Prof. Dr.-Ing. Herwart Opitz und Dr.-Ing. Rolf Piekenbrink, Laboratorium für Werkzeugmaschinen und Betriebslehre der Rhein.-Westf. Technischen Hochschule Aachen
Untersuchungen an Zahnradbearbeitungsmaschinen
1960. 95 Seiten, 81 Abb. DM 29,30

HEFT 809
Prof. Dr.-Ing. Herwart Opitz und Dipl.-Ing. H. H. Herold, Laboratorium für Werkzeugmaschinen und Betriebslehre der Rhein.-Westf. Technischen Hochschule Aachen
Untersuchung von elektro-mechanischen Schaltelementen
1960. 35 Seiten, 16 Abb. DM 11,—

HEFT 810
Prof. Dr.-Ing. Herwart Opitz und Dr.-Ing. Norbert Maas, Laboratorium für Werkzeugmaschinen und Betriebslehre der Rhein.-Westf. Technischen Hochschule Aachen
Das dynamische Verhalten von Lastschaltgetrieben
1960. 97 Seiten, 77 Abb. DM 29,50

HEFT 811
Prof. Dr.-Ing. Herwart Opitz, Dipl.-Ing Klaus Jüstel und Dipl.-Ing. H. Bürklin, Forschungsinstitut für Rationalisierung der Rhein.-Westf. Technischen Hochschule Aachen
Über Weggeber für automatisch gesteuerte Arbeitsmaschinen
1960. 93 Seiten, 79 Abb. Vergriffen

HEFT 820
Prof. Dr.-Ing. Herwart Opitz, Dipl.-Ing. Helmut Rohde und Dipl.-Ing. Wilfried König, Laboratorium für Werkzeugmaschinen und Betriebslehre der Rhein.-Westf. Technischen Hochschule Aachen
Untersuchungen der Spanformung durch Spanbrecher beim Drehen mit Hartmetallwerkzeugen
1960. 46 Seiten, 41 Abb., 4 Tabellen. DM 15,80

HEFT 830
Prof. Dr.-Ing. Herwart Opitz und Dipl.-Ing. Wolfgang Backé, Laboratorium für Werkzeugmaschinen und Betriebslehre der Rhein.-Westf. Technischen Hochschule Aachen
Automatisierung des Arbeitsablaufes in der spanabhebenden Fertigung. Untersuchung eines unstetigen Nachformsystems mit einem elektrohydraulischen Stellglied
1960. 43 Seiten, 39 Abb. DM 14,60

HEFT 831
Prof. Dr.-Ing. Herwart Opitz, Dr.-Ing. Hans-Günther Rohs und Dr.-Ing. Gottfried Stute, Laboratorium für Werkzeugmaschinen und Betriebslehre der Rhein.-Westf. Technischen Hochschule Aachen
Statistische Untersuchungen über die Ausnutzung von Werkzeugmaschinen in der Einzel- und Massenfertigung
1960. 38 Seiten, 32 Abb. DM 13,—

HEFT 835
Prof. Dr.-Ing. Walther Meyer zur Capellen, Lehrstuhl für Getriebelehre der Rhein.-Westf. Technischen Hochschule Aachen
Die harmonische Analyse von zykloidengesteuerten Schleifen
1961. 57 Seiten, 22 Abb. DM 20,90

HEFT 864
Prof. Dr.-Ing. Herwart Opitz und Dr.-Ing. Gottfried Stute, Laboratorium für Werkzeugmaschinen und Betriebslehre der Rhein.-Westf. Technischen Hochschule Aachen
Funkenarbeit und Bearbeitungsergebnis bei der funkenerosiven Bearbeitung
1960. 44 Seiten, 19 Abb. DM 13,60

HEFT 873
Prof. Dr.-Ing. Walther Meyer zur Capellen und Dipl.-Ing. Walter Rath, Lehrstuhl für Getriebelehre der Rhein.-Westf. Technischen Hochschule Aachen
Kinematik der sphärischen Schubkurbel
1960. 37 Seiten, 13 Abb. DM 11,20

HEFT 887

Baurat Dipl.-Ing. Waldemar Gesell, Staatliche Ingenieurschule für Maschinenwesen, Duisburg

Arbeiten mit Preß-Formmaschinen unter Normal-Bedingungen und bei hohen spezifischen Preßdrücken

1960. 140 Seiten, 108 Abb., 11 Tabellen. DM 42,—

HEFT 898

Prof. Dr.-Ing. Herwart Opitz und Herbert de Jong, Laboratorium für Werkzeugmaschinen und Betriebslehre der Rhein.-Westf. Technischen Hochschule Aachen

Untersuchung von Zahnradgetrieben und Zahnradbearbeitungsmaschinen in Zusammenarbeit mit der Industrie

1960. 58 Seiten, 52 Abb. DM 19,20

HEFT 900

Prof. Dr.-Ing. Herwart Opitz und Dr.-Ing. Johannes Bielefeld, Laboratorium für Werkzeugmaschinen und Betriebslehre der Rhein.-Westf. Technischen Hochschule Aachen

Modellversuche an Werkzeugmaschinenelementen

1960. 73 Seiten, 55 Abb. DM 21,—

HEFT 901

Prof. Dr.-Ing. Herwart Opitz, Dr.-Ing. Johannes Bielefeld und Dipl.-Ing. Werner Kalkert, Laboratorium für Werkzeugmaschinen und Betriebslehre der Rhein.-Westf. Technischen Hochschule Aachen

Lebensdauerprüfung von Zahnradgetrieben

1960. 54 Seiten, 46 Abb. DM 17,30

HEFT 908

Dr.-Ing. Wilhelm Dettmering, Institut für Turbomaschinen der Rhein.-Westf. Technischen Hochschule Aachen

Experimentelle Untersuchungen an einer axialen Turbinenstufe

1960. 180 Seiten, 116 Abb., 13 Tabellen. DM 50,80

HEFT 914

Baurat Dipl.-Ing. Waldemar Gesell, Staatliche Ingenieurschule für Maschinenwesen, Duisburg

Zu Fragen der Strahlmittelprüfung

1961. 188 Seiten, 78 Abb, 1 Tafel. DM 49,—

HEFT 923

Prof. Dr.-Ing. Walther Meyer zur Capellen und Dipl.-Ing. Karl-Albert Rischen, Lehrstuhl für Getriebelehre der Rhein.-Westf. Technischen Hochschule Aachen

Lagenzuordnungen an ebenen Viergelenkgetrieben in analytischer Darstellung. Eine Maßsynthese

1961. 83 Seiten, 29 Abb. DM 23,20

HEFT 928

Prof. Dr.-Ing. Herwart Opitz, Dipl.-Ing. Helmut Rohde und Dipl.-Ing. Wilfried König, Laboratorium für Werkzeugmaschinen und Betriebslehre der Rhein.-Westf. Technischen Hochschule Aachen

Untersuchung des Räumvorganges

1961. 115 Seiten, 90 Abb. DM 36,10

HEFT 929

Prof. Dr.-Ing. Herwart Opitz, Dr.-Ing. Henning Siebel, Dipl.-Ing. Reinhard Fleck und Dipl.-Ing. Franz Altdorf, Laboratorium für Werkzeugmaschinen und Betriebslehre der Rhein.-Westf. Technischen Hochschule Aachen

Richtwerte für das Fräsen von unlegierten und legierten Baustählen mit Hartmetall. – Teil III

1961. 64 Seiten, 57 Abb., 7 Tabellen. DM 21,30

HEFT 930

Prof. Dr.-Ing. Herwart Opitz und Dipl.-Ing. Rolf Umbach, Laboratorium für Werkzeugmaschinen und Betriebslehre der Rhein.-Westf. Technischen Hochschule Aachen

Modellversuch zur dynamischen Versteifung von Werkzeugmaschinen durch Ankopplung gedämpfter Hilfsmassensysteme

1961. 37 Seiten, 30 Abb. DM 13,30

HEFT 931

Dipl.-Ing. Hans-Günther Rachner, Institut für Maschinen-Gestaltung und Maschinen-Dynamik der Rhein.-Westf. Technischen Hochschule Aachen

Leiter : Prof. Dr.-Ing. K. Lürenbaum

Ein Beitrag zur Frage der Kettenradverzahnung

1961. 63 Seiten, 55 Abb., 2 Tabellen. DM 19,90

HEFT 943

Dipl.-Ing. Hans-Günther Rachner, Institut für Maschinen-Gestaltung und Maschinen-Dynamik der Rhein.-Westf. Technischen Hochschule Aachen

Leiter : Prof. Dr.-Ing. K. Lürenbaum

Die Drehschwingungen des Zweirad-Kettentriebes bei innerer Erregung

1961. 98 Seiten, 68 Abb. DM 30,—

HEFT 949

Prof. Dr.-Ing. Karl Leist †, Dipl.-Ing. Dieter Stojek und Dipl.-Ing. Manfred Pötke, Institut für Turbomaschinen der Rhein.-Westf. Technischen Hochschule Aachen

Verbesserung der Wirtschaftlichkeit von Gasturbinen durch Zwischenverbrennung innerhalb der Turbine und Versuche zu ihrer Verwirklichung

1961. 80 Seiten, 40 Abb. DM 30,10

HEFT 950

Prof. Dr.-Ing. Karl Leist † und Dipl.-Ing. Oswald Thun, Institut für Turbomaschinen der Rhein.-Westf. Technischen Hochschule Aachen

Strömungsmessungen zur Ermittlung von Brennkammer-Ausbrenngraden

1961. 66 Seiten, 33 Abb., 6 Tabellen. DM 19,90

HEFT 951

Prof. Dr.-Ing. Karl Leist † und Dipl.-Ing. Oswald Thun, Institut für Turbomaschinen der Rhein.-Westf. Technischen Hochschule Aachen

Meßmethode bei Brennkammeruntersuchungen zur Ermittlung des Ausbrenngrades

1961. 63 Seiten, 10 Abb., 2 Tabellen. DM 19,20

HEFT 953
Prof. Dr.-Ing. Karl Leist † und Dipl.-Ing. Heinrich Ostenrath, Institut für Turbomaschinen der Rhein.-Westf. Technischen Hochschule Aachen
Betriebsverhalten einer Versuchsturbine kleiner Leistung
1961. 43 Seiten, 35 Abb., 2 Anlagen. DM 15,30

HEFT 955
Prof. Dr.-Ing. Herwart Opitz und Dipl.-Ing. Hans Uhrmeister, Laboratorium für Werkzeugmaschinen und Betriebslehre der Rhein.-Westf. Technischen Hochschule Aachen
Die dynamischen Eigenschaften hydraulischer Vorschubmotoren für Werkzeugmaschinen
1961. 60 Seiten, 66 Abb. DM 20,—

HEFT 977
Dr.-Ing. Gottfried Kronenberger, Institut für Baumaschinen und Baubetrieb der Rhein.-Westf. Technischen Hochschule Aachen
Leiter: Prof. Dr. Georg Garbotz
Untersuchungen über die Verdichtungswirkung und das Arbeitsverhalten eines Einmassenrüttlers auf Schotter und Kiessand zur Ermittlung der maßgeblichen Einflußgrößen bei der Rüttelverdichtung
1961. 96 Seiten, 17 Tafeln, 7 Tabellen, 36 Abb. DM 27,70

HEFT 981
Dr.-Ing. Werner Wilhelm, Aerodynamisches Institut der Rhein.-Westf. Technischen Hochschule Aachen
Berechnung des Gaswechsels kurbelkastengespülter Zweitaktmotoren unter Berücksichtigung des Einflusses der Massenwirkung der strömenden Gassäule in den Spülkanälen
1961. 57 Seiten, 6 Abb., 10 Bilder. DM 19,20

HEFT 982
Dr.-Ing. Werner Wilhelm, Aerodynamisches Institut der Rhein.-Westf. Technischen Hochschule Aachen
Die Wirkung von Auspuffrohren mit Blenden am Rohrende sowie diffusorartiger Auspuffleistungen auf den Ladungswechsel einer Einzylinder-Zweitakt-Vergasermaschine mit Kurbelkastenspülpumpe
1961. 61 Seiten, 24 Abb., 1 Tabelle. DM 19,10

HEFT 983
Prof. Dr.-Ing. Paul Hadlatsch †, Aerodynamisches Institut der Rhein.-Westf. Technischen Hochschule Aachen
Berechnung der Druckwellen in Brennstoffeinspritzsystemen und in hydraulischen Ventilsteuerungen
1961. 107 Seiten, 31 Abb., 2 Tabellen. DM 33,90

HEFT 986
Dr.-Ing. Jameel Ahmad Khan, Aerodynamisches Institut der Rhein.-Westf. Technischen Hochschule Aachen
Untersuchungen zur instationären Strömung durch unstetige Querschnittsänderungen in Druckleitungen von Einspritzsystemen
1961. 76 Seiten., 47 Abb., 1 Tabelle. DM 28,60

HEFT 987
Dr.-Ing. Wilhelm Bosch, Aerodynamisches Institut der Rhein.-Westf. Technischen Hochschule Aachen
Untersuchungen zur instationären reibenden Strömung in Druckleitungen von Einspritzsystemen
1961. 55 Seiten, 37 Abb. DM 20,—

HEFT 988
Dr.-Ing. Werner Wilhelm und Dipl.-Ing. Rudolf Jürgler, Aerodynamisches Institut der Rhein.-Westf. Technischen Hochschule Aachen
Nichtstationäre, eindimensionale und reibungsfreie Gasströmung schwach kompressibler Medien in Rohren mit einigen unstetigen Querschnittsänderungen
1961. 69 Seiten, 17 Abb. DM 21,50

HEFT 989
Dr.-Ing. Werner Wilhelm, Aerodynamisches Institut der Rhein.-Westf. Technischen Hochschule Aachen
Einfluß der Spülkanalabmessungen auf den Ladungswechsel kurbelkastengespülter Zweitakt-Motoren
1961. 99 Seiten, 37 Abb., Tabellen. DM 35,30

HEFT 1006
Prof. Dr.-Ing. Walther Meyer zur Capellen und Mitarbeiter, Lehrstuhl für Getriebelehre der Rhein.-Westf. Technischen Hochschule Aachen
Bewegungsverhältnisse an gleichschenkligen Kurbeltrieben
1962. 72 Seiten, 49 Abb. DM 25,—

HEFT 1007
Prof. Dr.-Ing. Dr. h. c. Herwart Opitz und Dr.-Ing. Gottfried Stute, Laboratorium für Werkzeugmaschinen und Betriebslehre der Rhein.-Westf. Technischen Hochschule Aachen
Berechnung der Funkenarbeit aus den elektrischen Daten der Arbeitskreiselemente von Funkenerosionsmaschinen
1961. 43 Seiten, 9 Abb. DM 14,80

HEFT 1008
Prof. Dr.-Ing. Dr. h. c. Herwart Opitz und Dr.-Ing. Paul-Heinz Brammertz, Laboratorium für Werkzeugmaschinen und Betriebslehre der Rhein.-Westf. Technischen Hochschule Aachen
Untersuchung der Ursachen für Form- und Maßfehler bei der Feinbearbeitung
1961. 43 Seiten, 32 Abb. DM 15,20

HEFT 1011
Prof. Dr.-Ing. Dr. h. c. Herwart Opitz, Dr.-Ing. Günter Ostermann und Dipl.-Ing. Max Gappisch, Laboratorium für Werkzeugmaschinen und Betriebslehre der Rhein.-Westf. Technischen Hochschule Aachen
Untersuchung der Ursachen des Werkzeugverschleißes
1961. 63 Seiten, 37 Abb., 2 Tabellen. DM 23,90

HEFT 1015
Prof. Dr.-Ing. Walther Meyer zur Capellen, Lehrstuhl für Getriebelehre der Rhein.-Westf. Technischen Hochschule Aachen
Biegungs- und Lagerschwingungen in Kurbeltrieben
1962. 53 Seiten, 30 Abb., 2 Tabellen. DM 19,20

HEFT 1035
Dr.-Ing. Walter Rath, Lehrstuhl für Getriebelehre der Rhein.-Westf. Technischen Hochschule Aachen
Massenkräfte in den Lagern sphärischer Getriebe
1961. 81 Seiten, 40 Abb. DM 27,30

HEFT 1062
Dr.-Ing. Heinrich Pfeiffer, Aerodynamisches Institut der Rhein.-Westf. Technischen Hochschule Aachen
Leiter: Prof. Dr.-Ing. F. Seewald
Strömungsuntersuchungen an Kreiszylindern bei hohen Geschwindigkeiten
1962. 73 Seiten, 53 Abb. DM 26,—

HEFT 1065
Baurat Dipl.-Ing. Waldemar Gesell, Staatliche Ingenieurschule für Maschinenwesen, Duisburg
Beitrag über den Einfluß von Kornform und Körnung auf die Wirkungsweise von Strahlmitteln
1962. 212 Seiten, 116 Abb., 21 Tabellen. DM 49,—

HEFT 1066
Prof. Dr.-Ing. Walther Meyer zur Capellen und Dipl.-Ing. Karl-Albert Rischen, Lehrstuhl für Getriebelehre der Rhein.-Westf. Technischen Hochschule Aachen
Symmetrische Koppelkurven und ihre Anwendung
1962. 90 Seiten, 50 Abb. DM 29,—

HEFT 1070
Prof. Dr.-Ing. Dr. h. c. Herwart Opitz und Dr.-Ing. Hans-Hermann Herold, Laboratorium für Werkzeugmaschinen und Betriebslehre der Rhein.-Westf. Technischen Hochschule Aachen
Elektromechanische Kopiersteuerungen
1962. 102 Seiten, 74 Abb. DM 33,90

HEFT 1080
Prof. Dr.-Ing. Ludolf Engel, Bergakademie Clausthal
Theorie der handgeführten schlagenden Druckluftwerkzeuge und experimentelle Untersuchungen insbesondere an Abbauhämmern im normalen und anormalen Betrieb
1962. 86 Seiten, 53 Abb., 4 Tabellen. DM 39,—

HEFT 1097
Prof. Dr.-Ing. Dr. h. c. Herwart Opitz und Dipl.-Ing. Reinhard Thämer, Laboratorium für Werkzeugmaschinen und Betriebslehre der Rhein.-Westf. Technischen Hochschule Aachen
Verschleiß- und Schnittkraftuntersuchungen bei der Zahnradbearbeitung
1962. 40 Seiten, 34 Abb. DM 22,50

HEFT 1127
Prof. Dr.-Ing. Karl Leist †, Dr.-Ing. Heinz J. Oellers, Institut für Turbomaschinen der Rhein.-Westf. Technischen Hochschule Aachen
Beitrag zur Berechnung der inkompressiblen Unterschallströmung in ebenen Profilgittern auf elektrischen Digitalrechnern
1963. 90 Seiten, 34 Abb. DM 85,50

HEFT 1128
Prof. Dr.-Ing. Karl Leist †, Institut für Turbomaschinen der Rhein.-Westf. Technischen Hochschule Aachen
Dipl.-Ing. Hans Georg Wiening, Institut für Luftstrahlantriebe der Deutschen Versuchsanstalt für Luft- und Raumfahrt e. V.
Enzyklopädische Abhandlung über ausgeführte Strahltriebwerke
1963. 463 Seiten, 255 Abb., Tabellarische Zusammenstellung der Strahltriebwerke. DM 247,—

HEFT 1135
Prof. Dr.-Ing. Walther Meyer zur Capellen, Lehrstuhl für Getriebelehre der Rhein.-Westf. Technischen Hochschule Aachen
Konstruktion ebener Kurventriebe und vergleichende Analyse ihrer Bewegungsgesetze
1963. 59 Seiten, 29 Abb., 10 Tafeln. DM 34,80

HEFT 1143
Dr.-Ing. Helmut Scheele, Institut für Turbomaschinen der Rhein.-Westf. Technischen Hochschule Aachen, Prof. Dr.-Ing. W. Dettmering
Entwicklung einer Versuchsgasturbine zur Messung der Läufertemperaturen im Betrieb
1963. 100 Seiten, 37 Abb., davon 2 auf Faltblättern, 7 Tabellen. DM 49,50

HEFT 1145
Prof. Dr.-Ing. Dr. h. c. Herwart Opitz, Dr.-Ing. Hans Wilhelm Obrig und Dr.-Ing. Karlheinz Ganser, Laboratorium für Werkzeugmaschinen und Betriebslehre der Rhein.-Westf. Technischen Hochschule Aachen
Funkenerosive Bearbeitung. Untersuchungen von Einflußgrößen bei der funkenerosiven Senkbearbeitung
1963. 70 Seiten, 58 Abb., 1 Tabelle. DM 38,50

HEFT 1146
Prof. Dr.-Ing. Dr. h. c. Herwart Opitz und Dipl.-Ing. Wilfried Lehwald, Laboratorium für Werkzeugmaschinen und Betriebslehre der Rhein.-Westf. Technischen Hochschule Aachen
Untersuchungen über den Einsatz von Hartmetallen beim Fräsen
1963. 73 Seiten, 69 Abb., 4 Tabellen. DM 44,—

HEFT 1147
Prof. Dr.-Ing. Dr. h. c. Herwart Opitz, Dr.-Ing. Paul Brammertz und Dipl.-Ing. Karl Friedrich Meyer, Laboratorium für Werkzeugmaschinen und Betriebslehre der Rhein.-Westf. Technischen Hochschule Aachen
Untersuchungen an keramischen Schneidstoffen
1963. 37 Seiten, 17 Abb., 5 Tabellen. DM 19,80

HEFT 1148
Prof. Dr.-Ing. Dr. h. c. Herwart Opitz und Dozent Dr.-Ing. Janez Peklenik, Laboratorium für Werkzeugmaschinen und Betriebslehre der Rhein.-Westf. Technischen Hochschule Aachen
Untersuchung an Meßsteuerungen
1963. 104 Seiten, 77 Abb., 6 Tabellen. DM 54,—

HEFT 1150
Prof. Dr.-Ing. Dr. h. c. Herwart Opitz, Dr.-Ing. Paul-Heinz Brammertz und Dr.-Ing. Ernst H. Kohlhage, Laboratorium für Werkzeugmaschinen und Betriebslehre der Rhein.-Westf. Technischen Hochschule Aachen
Untersuchungen zum Leistungsvergleich der Feinbearbeitungsverfahren
1963. 60 Seiten, 47 Abb. DM 31,20

HEFT 1182
Prof. Dr.-Ing. Alfred Kuhlenkamp und Dipl.-Ing. Ernst Reuter, Institut für Feinwerktechnik und Regelungstechnik der Technischen Hochschule Braunschweig
Entwicklung eines Drehmomenten-Meßgerätes
1963. 40 Seiten, 27 Abb. DM 18,90

HEFT 1226
Prof. Dr.-Ing. Walther Meyer zur Capellen und Dipl.-Ing. Bernd Janssen, Institut für Getriebelehre der Rhein.-Westf. Technischen Hochschule Aachen
Spezielle Koppelkurvenrast- und Schaltgetriebe
1964. 92 Seiten, 49 Abb., 3 Tabellen. DM 59,—

HEFT 1245
Prof. Dr.-Ing. Walther Meyer zur Capellen und Dipl.-Ing. Paul Danke, Lehrstuhl für Getriebelehre der Rhein.-Westf. Technischen Hochschule Aachen
Sechspunktige Kreisführungen durch das Gelenkviereck
1963. 48 Seiten, 31 Abb., 4 Tabellen. DM 35,—

HEFT 1246
Prof. Dr.-Ing. Dr. h. c. Herwart Opitz, Laboratorium für Werkzeugmaschinen und Betriebslehre der Rhein.-Westf. Technischen Hochschule Aachen
Über die dynamische Stabilität hydraulischer Steuerungen unter Berücksichtigung der Strömungskräfte
1964. 110 Seiten, 80 Abb. DM 66,—

HEFT 1292
Prof. Dr.-Ing. Dr. h. c. Herwart Opitz, Dozent Dr.-Ing. Janez Peklenik und Dr.-Ing. Klaus Brückner, Laboratorium für Werkzeugmaschinen und Betriebslehre der Rhein.-Westf. Technischen Hochschule Aachen
Untersuchung der Eigenschaften von Schleifkörpern und ihr Verhalten im Schleifvorgang
1964. 63 Seiten, 50 Abb., 14 Tabellen. DM 38,70

HEFT 1296
Prof. Dr. Georg Garbotz und Prof. Dr.-Ing. Sedad Ersoy, Institut für Baumaschinen und Baubetrieb der Rhein.-Westf. Technischen Hochschule Aachen
Untersuchungen über die Verdichtungswirkung von Tauchrüttlern
1964. 113 Seiten, 60 Abb., 17 Tabellen. DM 68,—

HEFT 1302
Prof. Dr.-Ing. Walther Meyer zur Capellen und Dr.-Ing. Erich Lenk, Lehrstuhl für Getriebelehre der Rhein.-Westf. Technischen Hochschule Aachen
Tafeln zur harmonischen Analyse der Bewegungen viergliedriger Gelenkgetriebe
1964. 153 Seiten, 16 Abb. DM 96,—

HEFT 1304
Prof. Dr.-Ing. Dr. h. c. Herwart Opitz und Dr.-Ing. Herbert de Jong, Laboratorium für Werkzeugmaschinen und Betriebslehre der Rhein.-Westf. Technischen Hochschule Aachen
Der Einfluß der Wälzgenauigkeit von Verzahnmaschinen auf die Fertigungsgenauigkeit und das Laufverhalten von Stirnradgetrieben
1964. 61 Seiten, 50 Abb. DM 39,50

HEFT 1309
Oberbaurat Dipl.-Ing. Waldemar Gesell, Staatliche Ingenieurschule für Maschinenwesen, Duisburg
Beitrag zur Arbeitsweise von Sandslingern
1964. 144 Seiten, 83 Abb., 10 Tabellen. DM 71,50

HEFT 1331
Prof. Dr.-Ing. Dr. h. c. Herwart Opitz, Dipl.-Ing. Dietrich Günther, Dipl.-Ing. Martin Hoffmann und Dipl.-Ing. Heinz Schlotterbeck, Laboratorium für Werkzeugmaschinen und Betriebslehre der Rhein.-Westf. Technischen Hochschule Aachen
Untersuchungen an Werkzeugmaschinenspindeln, Wälzlagern und hydrostatischen Lagerungen
1964. 67 Seiten, 56 Abb. DM 41,—

HEFT 1348
Prof. Dr.-Ing. Dr. h. c. Herwart Opitz, Dr.-Ing. Wilfried König und Dipl.-Ing. Wolf-Dieter Neumann, Laboratorium für Werkzeugmaschinen und Betriebslehre der Rhein.-Westf. Technischen Hochschule Aachen
Einfluß verschiedener Schmelzen auf die Zerspanbarkeit von Gesenkschmiedestücken
1964. 99 Seiten, 64 Abb., 12 Tabellen. DM 59,—

HEFT 1356
Prof. Dr.-Ing. Dr. h. c. Herwart Opitz, Dr.-Ing. Wilfried König und Dipl.-Ing. Manfred Schütte, Laboratorium für Werkzeugmaschinen und Betriebslehre der Rhein.-Westf. Technischen Hochschule Aachen
Einfluß des Werkstoffes und der Werkstoffvorbehandlung auf die Oberflächengüten beim Räumen
1964. 61 Seiten, 22 Abb., zahlr. Diagramme. DM 45,50

HEFT 1357
Prof. Dr.-Ing. Dr. h. c. Herwart Opitz, Dr.-Ing. Rolf Umbach und Dipl.-Ing. Wilfried Dreyer, Laboratorium für Werkzeugmaschinen und Betriebslehre der Rhein.-Westf. Technischen Hochschule Aachen
Dynamische Versteifung von Werkzeugmaschinen durch gedämpfte Hilfsmassensysteme
1964. 74 Seiten, 40 Abb., 2 Tabellen. DM 49,50

Heft 1388
Prof. Dr.-Ing. Dr. h. c. Herwart Opitz und Dipl.-Ing. Karl Schwiegelshohn, Laboratorium für Werkzeugmaschinen und Betriebslehre der Rhein.-Westf. Technischen Hochschule Aachen
Entwicklung seismischer Drehfehlermeßgeräte mit niedrigen Eigenfrequenzen für die Verzahntechnik
1964. 106 Seiten, 56 Abb., DM 58,80

HEFT 1394
Prof. Dr.-Ing. Walther Meyer zur Capellen und Dipl.-Ing. Heinz Houben, Institut für Getriebelehre der Rhein.-Westf. Technischen Hochschule Aachen
Untersuchungen über elastische Schwingungen in periodischen Getrieben
1964. 63 Seiten, 29 Abb., DM 42,50

HEFT 1405
Prof. Dr.-Ing. Dr. h. c. Herwart Opitz und Dr.-Ing. Max Gappich, Laboratorium für Werkzeugmaschinen und Betriebslehre der Rhein.-Westf. Technischen Hochschule Aachen
Die Aufbauschneidenbildung bei der spanabhebenden Bearbeitung
1964. 90 Seiten, 72 Abb., DM 53,80

HEFT 1406
Prof. Dr.-Ing. Dr. h. c. Herwart Opitz, Dr.-Ing. Ernst Kohlhage und Dipl.-Ing. A. Ledergerber, Laboratorium für Werkzeugmaschinen und Betriebslehre der Rhein.-Westf. Technischen Hochschule Aachen
Untersuchungen der Ursachen für Form und Maßfehler bei der Feinbearbeitung
In Vorbereitung

HEFT 1409
Prof. Dr.-Ing. Walther Meyer zur Capellen, Institut für Getriebelehre der Rhein.-Westf. Technischen Hochschule Aachen
Analytische Darstellung symmetrischer Koppelkurven
1964. 50 Seiten, 17 Abb., DM 31,80

HEFT 1429
Prof. Dr.-Ing. Walther Meyer zur Capellen und Dipl.-Ing. H. Houben, Institut für Getriebelehre der Rhein.-Westf. Technischen Hochschule Aachen
Torsionsschwingungen im An- und Abtrieb von Viergelenkgetrieben

HEFT 1450
Dr.-Ing. Hartmut Rosenberg, Aerodynamisches Institut der Rhein.-Westf. Technischen Hochschule Aachen Direktor: Prof. Dr. phil. H. Naumann
Instationäre Strömungsvorgänge in Leitungssystemen mit flexibel-elastischen Rohrwänden
1964. 103 Seiten, 73 Abb., DM 68,—

HEFT 1476
Prof. Dr.-Ing. Dr. h. c. Herwart Opitz und Dr.-Ing. Werner Kalkert, Laboratorium für Werkzeugmaschinen und Betriebslehre der Rhein.-Westf. Technischen Hochschule Aachen
Der Einfluß der Fertigungsgenauigkeit und der Schmierfilmausbildung auf die Flankentragfähigkeit ungehärteter Stirnräder
In Vorbereitung

HEFT 1478
Dr.-Ing. Siegfried Förster, Institut für Strahlantriebe und Turboarbeitsmaschinen der Rhein.-Westf. Technischen Hochschule Aachen. Direktor: Prof. Dr.-Ing. W. Dettmering
Pneumatisches Verfahren zur Messung hoher und zeitlich schnell veränderlicher Gastemperaturen
In Vorbereitung

HEFT 1497
Prof. Dr.-Ing. Dr. h. c. Herwart Opitz, Dr.-Ing. F. Hensen und Dipl.-Ing. D. Domrös, Laboratorium für Werkzeugmaschinen und Betriebslehre der Rhein.-Westf. Technischen Hochschule Aachen
Verschleißuntersuchungen an Werkzeugmaschinen-Führungen unter besonderer Berücksichtigung des Freßverschleißes
In Vorbereitung

HEFT 1532
Prof. Dr.-Ing. Dr. h. c. Herwart Opitz, Dr.-Ing. Helmut Frank, Dipl.-Ing. Wilhelm Ernst und Dipl.-Ing. Otto Daude, Laboratorium für Werkzeugmaschinen und Betriebslehre der Rhein.-Westf. Technischen Hochschule Aachen
Untersuchungen über den Einfluß des Schleifscheibenaufbaues und der Zerspanungsbedingungen auf die Ausbildung der Schneidfläche der Schleifscheibe im Hinblick auf das Arbeitsergebnis
In Vorbereitung

Verzeichnisse der Forschungsberichte aus folgenden Gebieten können beim Verlag angefordert werden:

Acetylen/Schweißtechnik – Arbeitswissenschaft – Bau/Steine/Erden – Bergbau – Biologie – Chemie – Eisenverarbeitende Industrie – Elektrotechnik/Optik – Energiewirtschaft – Fahrzeugbau/Gasmotoren – Farbe/Papier/Photographie – Fertigung – Funktechnik/Astronomie – Gaswirtschaft – Holzbearbeitung – Hüttenwesen/Werkstoffkunde – Kunststoffe – Luftfahrt/Flugwissenschaften – Luftreinhaltung – Maschinenbau – Mathematik – Medizin/Pharmakologie/NE-Metalle – Physik – Rationalisierung – Schall/Ultraschall – Schiffahrt – Textiltechnik/Faserforschung/Wäschereiforschung – Turbinen – Verkehr – Wirtschaftswissenschaft

WESTDEUTSCHER VERLAG · KÖLN UND OPLADEN
567 Opladen/Rhld., Ophovener Straße 1-3

GPSR Compliance

The European Union's (EU) General Product Safety Regulation (GPSR) is a set of rules that requires consumer products to be safe and our obligations to ensure this.

If you have any concerns about our products, you can contact us on ProductSafety@springernature.com

In case Publisher is established outside the EU, the EU authorized representative is:

Springer Nature Customer Service Center GmbH
Europaplatz 3
69115 Heidelberg, Germany

Batch number: 10584556

Printed by Printforce, the Netherlands